再生水利用政策法规与制度建设

李肇桀 等 编著

中国水利水电出版社
www.waterpub.com.cn
·北京·

内 容 摘 要

本书针对再生水利用的相关政策法规与制度建设开展研究，主要包括再生水利用法律法规、扶持政策、管理制度、技术标准四个方面内容。每一部分在总结现状的基础上，分析再生水利用的政策法规与制度建设存在的问题，按照十九大报告提出的“建立健全绿色低碳循环发展的经济体系，推进资源全面节约和循环利用，实施国家节水行动”的有关要求，提出促进再生水利用的政策法规与制度体系建设的措施建议。

本书适合于水利、环保、经济、法律、管理等相关领域工作人员阅读，也可供相关专业的教学人员参考使用。

图书在版编目（CIP）数据

再生水利用政策法规与制度建设 / 李肇桀等编著
. -- 北京 : 中国水利水电出版社，2020.10
ISBN 978-7-5170-8885-1

Ⅰ．①再… Ⅱ．①李… Ⅲ．①再生水－水资源利用－研究－中国 Ⅳ．①TV213.9

中国版本图书馆CIP数据核字(2020)第180725号

书　　名	**再生水利用政策法规与制度建设** ZAISHENGSHUI LIYONG ZHENGCE FAGUI YU ZHIDU JIANSHE
作　　者	李肇桀　等 编著
出版发行	中国水利水电出版社 （北京市海淀区玉渊潭南路 1 号 D 座　100038） 网址：www. waterpub. com. cn E-mail：sales@waterpub. com. cn 电话：(010) 68367658（营销中心）
经　　售	北京科水图书销售中心（零售） 电话：(010) 88383994、63202643、68545874 全国各地新华书店和相关出版物销售网点
排　　版	中国水利水电出版社微机排版中心
印　　刷	天津嘉恒印务有限公司
规　　格	170mm×240mm　16 开本　9.75 印张　132 千字
版　　次	2020 年 10 月第 1 版　2020 年 10 月第 1 次印刷
印　　数	0001—2000 册
定　　价	**68.00 元**

凡购买我社图书，如有缺页、倒页、脱页的，本社营销中心负责调换

本书编委会

主　　编　李肇桀

副 主 编　刘洪先　王亦宁

编写人员　李肇桀　刘洪先　王亦宁
　　　　　张海涛　王贵作　刘政平

我国水资源总量为 2.8 万亿 m^3，但人均只有 2200m^3，仅为世界平均水平的 1/4，水资源供需矛盾十分突出。特别是随着我国工业化、城市化快速推进和深入发展，城市的用水量增长很快，水资源供需矛盾加剧。据统计，全国 669 个城市中有 400 余个城市供水不足，全国有 16 个省、自治区、直辖市人均水资源拥有量低于国际公认的用水紧张线，北京、天津、山东等 10 个省、直辖市低于严重缺水线。与此同时，城市污水排放量却在快速增加，污水处理不足，造成水质污染。2018 年，全国评价水功能区 6779 个，满足水域功能目标的有 4503 个，仅占评价水功能区总数的 66.4%；我国七大水系中，只有珠江、长江总体水质比较良好，松花江为轻度污染，黄河、淮河为中度污染，辽河、海河为重度污染。目前，水资源短缺与水环境恶化已经成为我国经济社会可持续发展的重要制约因素。

面对日益严峻的水安全形势，中央审时度势，及时提出了有效利用非常规水源的要求，特别是要通过大力开发利用再生水，积极"开源"，补充城市水源。与外调水相比，再生水具有水量稳定、输水距离短、制水成本相对较低等特点，可以作为部分替代水源，并能减少污水排放。

大力促进再生水开发利用，是落实节能减排目标、实现区域水资源循环利用、促进水资源节约与保护、有效缓解水资源短缺的重要手段之一，也是建设生态文明的重要举措。为进一步推动城市污水再生利用，国家明确赋予水利部指导城市污水处理回用等非常规水源开发利用工作职责，并在《中共中央 国务院关于加快水利改革发展的决定》《国务院关于实行最严格水资源管理制度的意见》《水污染防治行动计划》等文件中，对大力开展污水处理回用和再生水利用工作提出了具体要求。

为了贯彻落实中央推进再生水利用的有关精神，提高对经济社会发展的水资源保障能力，从国家到地方，近年来都加大了城市再生水利用工作力度。国家层面出台了一系列再生水利用相关法规性文件，制定实施了再生水利用有关技术标准，各地也加快了再生水利用设施与输配管网建设，健全了再生水利用有关政策措施，一些城市还制定出台了再生水利用的地方性法规，大力推动再生水利用工作，并取得了较好成效。

近年来，水利部发展研究中心及时开展了有关再生水利用研究工作，进行了大量的案例调研和多项课题研究。在研究过程中，形成了大量的文献资料，有些研究成果在推进我国再生水利用工作方面起到了积极作用。为及时总结已有成果特组织编写本书，就深入研究再生水利用的政策法规与制度建设问题，提出我们的观点和意见，与社会同人分享，抛砖引玉，以引起更多的关注，共同推进我国再生水利用的发展。

本书在对我国再生水利用情况调查研究的基础上，分析了再生水利用政策法规、管理制度和技术标准的建设现状与存在问题，并提出了对策措施建议。全书共六章，第一章绪论，界定了再生水的定义与特征，分析了我国再生水开发利用现状，论述了深入推进再生水利用的重要意义；第二章再生水利用相关法律法规，梳理了我国再生水利用的法律法规现状，分析了法律法规体系建设存在的问题，提出了完善再生水利用法律法规的措施建议；第三章再生水利用相关政策措施，重点对我国再生水利用的资金投入、价格政策、优惠扶持、技术推广等政策进行了研究，分析了存在的问题，并提出了对策建议；第四章再生水利用相关管理制度，研究了再生水利用的规划制度、配置制度、价格制度、安全监管制度等内容，分析了存在的问题，提出了进一步完善的措施和途径；第五章再生水利用相关技术标准，梳理了再生水利用的技术标准现状，分析了存在的问题，提出了进一步完善再生水利用技术标准的措施建议；第六章结论与展望，主要对我国再生水利用政策法规与制度建设情况进行总结评述，并对未来我国再生水利用工作及法规制度建设进行展望。

本书是在国家水体污染控制与治理科技重大专项（2018ZX07301007－003）支持下完成的。同时，本书还依托了《我国再生水利用现状、问题及对策措施研究》《〈再生水利用条例〉立法推进》《污水处理回用政策法规与制度体系建设》《非常规水源利用——相关政策法规与制度建设》等再生水利用研究课题成果，并参考了相关文献资料。李晶、王一文、钟玉秀、李伟、李培蕾等在相关课题研究中开展了大量工作,为本书编写提供了帮助。张旺对本书编写给予了大力支持。此外,在本书编写过程中,还得到了水利部有关司局领导和专家的大力支持和具体指导,在此一并表示感谢!

本书编写组
2020 年 5 月

目录

第一章

绪　　论

在全球水资源紧张的背景下，国家提出大力开发利用非常规水源，并将城镇再生水、淡化海水、集蓄雨水等非常规水源纳入水资源统一配置。再生水是最主要的非常规水源，从供水的普遍性、稳定性看，再生水在非常规水源中具有突出优势，对缓解水资源供需矛盾、提升水资源利用效率、加强水资源保护都具有重要意义。近年来，我国大力推动再生水开发利用，并进行了广泛的探索和实践，再生水利用量和利用率都在稳步提高。推进再生水利用，是贯彻节水优先，落实"绿色发展"理念，建设"资源节约型、环境友好型"社会的重要举措。本章分析再生水的定义和特征，梳理总结我国再生水利用发展现状，阐明推进再生水利用的重要意义，以期对再生水利用形成总体认识。

第一节　再生水的定义与特征

一、再生水的定义

目前，对于再生水还没有统一的标准定义。在已发布的《城市污水再生利用技术政策》（2006 年）、《城镇污水再生利用工程设计规范》（GB 50335—2016）、《城市污水再生利用 分类》（GB/T

18919—2002)、《再生水水质标准》(SL 368—2006) 等规范中，对再生水的一些相关概念有所描述。

《再生水水质标准》中对再生水的定义为："再生水是对污水处理厂出水、工业排水、生活污水等非传统水源进行回收，经适当处理后达到一定水质标准，并在一定范围内重复利用的水资源。"

《城市污水再生利用 分类》中对城市污水再生利用的定义为："以城市污水为再生水源，经再生工艺净化处理后，达到可用的水的水质标准，通过管道输送或现场使用方式予以利用的全过程。"

《城镇污水再生利用工程设计规范》将污水再生定义为"对污水采用物理、化学、生物等方法进行净化，使水质达到利用要求的全过程"。

《建筑中水设计规范》(GB 50336—2002) 中将中水定义为："各种排水经处理后，达到规定的水质标准，可在一定范围内重复使用的非饮用水"。

本书认为，再生水利用是指城市污水经过处理达到水质标准后，再生回用于农业、工业、城市生活杂用、城市水景观等用水的过程。再生水对经济社会使用的新鲜淡水的替代作用，促进了供水效率和效益的提高。当然，要实现污水再生利用，污水收集、集中处理、再生利用是密不可分的整体，是完整的产业链，三个环节缺一不可。

再生水利用的流程如图 1-1 所示。

二、再生水的特征

再生水是非常规性水源，"非常规性"体现在以下两个方面。一是水源来源的非常规性。水源来源于污水，与一般由降雨形成的地表水源和地下水源明显不同，这是一般意义上所理解的"非常规性"的含义。二是处理过程的非常规性。从理论上讲，常规水源可以不经处理而直接饮用和利用（在现代社会，由于水质恶化和提高利用品质的需求，常规水源一般也要经过处理过程），但再生水的利用必

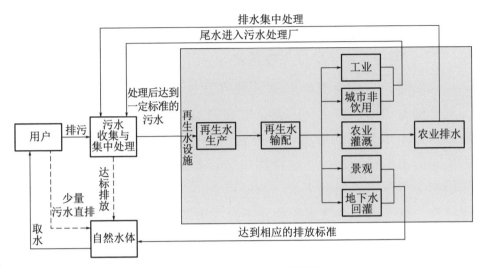

图 1-1　再生水利用流程简图

须经过特殊的处理过程，这直接决定了其用水成本一般会高于常规水源。再生水的非常规性，决定其典型特征，体现在以下几个方面。

（一）再生水用途具有一定局限性

再生水回用于生产、生活，必须要达到满足该用途的水质标准。受污水质量、处理工艺和技术水平以及经济条件的限制，再生水水质具有不稳定性，其用途具有一定的局限性，主要用于景观环境用水、工业用水等；在地下水回灌、农业灌溉等领域，再生水的使用十分谨慎；在生活用水领域，再生水仅可用于冲厕、洗车等杂用，饮用水等领域目前很难使用。受用途和使用用户的限制，发展再生水必须"以需定供"。

（二）再生水水质具有不稳定性

城市污水必须经过一定的再生工艺处理，在达到规定的水质要求后才能回用。因此，再生水水质与其所处理的污水的水质紧密关联，通常污水的水质是不太稳定的，与用水类型、用水结构紧密相关；即便用水类型和结构是稳定的，也会因用水时间和强度的变化

而导致污水水质变化。水质受处理工艺和技术的影响很大，采用深度处理工艺和技术的回用水，较传统处理工艺和技术的水质更好。

（三）再生水水源供应比较稳定

一般而言，再生水的水源是城市排放的污水，其供应量充足，尤其是随着我国城镇化、工业化进程的加快，城市用水量的快速增加必然带来排污量的增加，城市废污水排放量将日益增大。因此，再生水的水源在一定的时空范围内是相对比较确定的，不会受到气候影响；不与邻近地区争水，就地可取，具有稳定可靠、保证率高等特性。这一点与常规水源相比不存在劣势。

（四）再生水产品和服务存在较大的安全风险

由于污水中含有很多有害物质，受技术发展水平和人类认知能力所限，经处理后的再生水很难完全恢复到优质淡水标准，尤其是可监测的水质指标数目少，再生水水质标准与污水处理水质标准缺乏衔接，再生水存在较大的安全风险。这种安全风险主要体现在以下两个方面：一是使用风险较大，即再生水的水质不稳定、标准不高，还含有一定的有毒有害物质，一旦出现混用、误用，将会给使用者的身体健康带来不利影响；二是管理风险较大，再生水的使用风险，加大了管理部门的管理风险，再生水的使用一旦出现问题，不仅使整个社会对再生水产生负面评价，而且也会使管理部门承担相应的责任。

（五）再生水利用需要专门的管理体系

对常规水源利用的管理，已形成相对成熟的体系。对再生水利用的管理，则需要从水资源配置上进行引导，规划和投资需要进行特殊的产业政策扶持，设施建设和运行管理需要一套独有的制度规范；在生产安全、用水安全、环境安全等诸多环节，还涉及特殊的安全风险防控和应急保障问题。因此，对再生水利用的管理，是一项具有前沿性的工作，需要探索与常规水源利用不同的管理方式。

（六）再生水产品和服务具有准公益性

尽管再生水是商品水，但由于再生水设施建设一次性投资大，需要兴建处理厂和安装昂贵的处理设备，还需要建设输配水管网，而对应的用户市场因产品的潜在风险先天存在发育不良，效益成本比很低，使再生水产品和服务缺乏竞争性，因而再生水生产企业自我运行和市场竞争的能力较弱。再生水的生产成本高于新鲜水资源，理论上讲，其价格也要高于新鲜水资源，生产企业方有利可图；但实际上，再生水接受程度有限，即便其价格与新鲜水资源持平或略低于新鲜水，公众一般也不会主动选择使用。因此，不能完全依靠市场作为资源配置手段，否则再生水企业将难以为继。从另一角度讲，再生水开发利用体现了政府的环境责任和公共财政支持的方向，理当获得更多的政府扶持和财政资金支持。因此，提供再生水产品和服务具有准公益性。

第二节　我国再生水开发利用现状

我国的再生水开发利用起步较早，1983 年开始试点，逐步示范引导和积极发展。但整体看，目前再生水利用总体水平仍不高，各地发展不均衡。北方缺水地区的再生水利用发展较快；在南方水资源相对丰富地区，再生水利用工作尚未充分开展。

本书为了全面反映我国再生水利用现状，主要采用了《中国城市建设统计年鉴》《中国水资源公报》的数据。《中国城市建设统计年鉴》对再生水生产能力、再生水利用量、再生水管网长度进行了统计；《中国水资源公报》对包括再生水、淡化海水、集蓄雨水等在内的非常规水源进行了统计。此外，为反映典型地区的再生水利用情况，还采用了部分区域性的水利（水务）统计年鉴，如《北京市水务统计年鉴》。

一、再生水利用总体水平

2018年，全国污水处理总量为521.13亿 m³，再生水利用量为85.45亿 m³，再生水利用率为16.40%。再生水主要用于景观环境，其次是工业与农林牧业，城市杂用与地下水回灌比重小。

区域间再生水利用发展水平不均衡。2018年，再生水利用量主要集中于华北、华东、华南地区，分别占我国再生水利用总量的26.22%、32.28%、22.17%；华中地区也有一定的利用量，占比为11.18%；东北、西北、西南地区则占比很少（图1-2）。

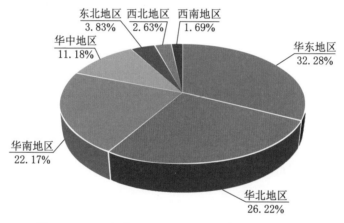

图1-2 2018年我国不同地区再生水利用量占比情况

从再生水利用设施建设情况来看，集中式再生水设施主要建于我国华北和华东地区，南方和西部总体偏弱。截至2018年，我国再生水厂的生产能力为3578.0万 m³/d，再生水管道总长10339km。其中，华北和华东地区再生水厂的生产能力占全国总生产能力的71.2%，东北地区、中部地区和西部地区所占比重分别为6.1%、13.3%和9.1%；华北和华东地区再生水管道长度占全国再生水管道总长的72.69%，东北地区、中部地区和西部地区所占比重分别为3.68%、6.81%和16.81%（图1-3）。

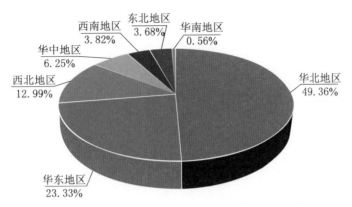

图 1-3　2018 年我国不同地区再生水管道长度占比情况

从各省（自治区、直辖市）利用情况看，北京、天津、河北、广东、山东、江苏、河南、辽宁、内蒙古、湖北、浙江、安徽再生水利用量较高，超过 2 亿 m³。2018 年我国各省（自治区、直辖市）再生水利用量情况及利用率如图 1-4、图 1-5 所示。

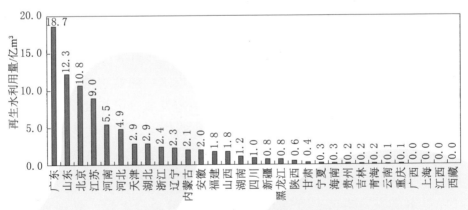

图 1-4　2018 年我国各省（自治区、直辖市）再生水利用量情况

2004 年北京开始将再生水纳入水资源统一配置，再生水利用量逐年增长，2008 年之后再生水利用量已经超过地表水取水量，成为城市水资源配置中不可或缺的组成部分。北京再生水利用的大力发展，确保了首都用水安全。截至 2018 年，北京再生水利用量已达 10.76 亿 m³。

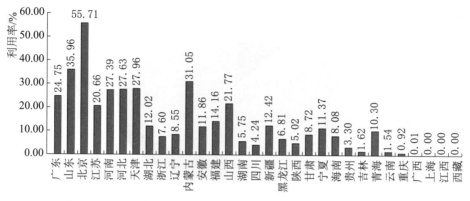

图 1-5　2018 年我国各省（自治区、直辖市）再生水利用率情况

二、再生水用途分析

再生水的用途包括以下五类：农林牧渔业、城市杂用、环境、工业、补充用水，详见表 1-1。我国的再生水主要用于景观环境、工业生产。目前景观环境再生水应用最为广泛，且在一些起步较早的城市已发展较为完善。以北京市为例，2018 年再生水利用量为 10.76 亿 m³，主要用于河湖环境绿化等市政生态用水，约 9.91 亿 m³，占比约为 92.1%；其余为生产用水和生活用水，两者用量占比分别为 6.0% 和 2.0%。农牧业利用再生水也有一定发展，但相关应用的风险研究仍在进行，再生水回灌农田的成熟案例较少，其对农作物是否有害尚无明确的研究结果。此外，再生水可回用于补充地下水，但这对再生水水质要求很高，要达到补水要求，不得污染地下水。

从各省（自治区、直辖市）的再生水用途对比看，景观环境使用再生水主要分布在广东、北京、辽宁、四川等地，占全国再生水用于景观环境总量的 81.2%；工业使用再生水主要分布在辽宁、北京、山东、河北、江苏等地，占全国再生水用于工业总量的 67.4%；农林牧业使用再生水主要分布在北京、山东、新疆三地，占全国再生水用于农林牧业总量的 76.5%；城市杂用水使用再生水主要分布在北京、山东、海南地，占全国再生水用于城市杂用水总量的 56.4%；地下水回灌使用再生水主要分布在山东、河南、陕西三省，占全国再生水用于地下水回灌总量的 77.8%。

表 1-1 再生水用途分类一览表

序号	分类	范围	示例
1	农林牧渔业用水	农田灌溉	种子与育种、粮食与饲料作物、经济作物
		造林育苗	种子、苗木、苗圃、观赏植物
		畜牧养殖	畜牧、家畜、家禽
		水产养殖	淡水养殖
2	城市杂用水	城市绿化	公共绿地、住宅小区绿化
		冲厕	厕所便器冲洗
		道路清扫	城市道路的冲洗及喷洒
		车辆冲洗	各种车辆冲洗
		建筑施工	施工场地清扫、浇洒、灰尘抑制、混凝土制备与养护、施工中混凝土构件和建筑物冲洗
		消防	消火栓、消防水炮
3	环境用水	娱乐性景观用水	娱乐性景观河道、景观湖泊及水景
		观赏性景观用水	观赏性景观河道、景观湖泊及水景
		湿地用水	恢复自然湿地、营造人工湿地
4	工业用水	冷却用水	直流式、循环式
		洗涤用水	冲渣、冲灰、消除烟尘、清洗
		锅炉用水	中压、低压锅炉
		工艺用水	溶料、水浴、蒸煮、漂洗、水力开采、水力输送、增湿、稀释、搅拌、选矿、油田回注
		产品用水	浆料、化工制剂、涂料
5	补充用水	补充地表水	河流、湖泊
		补充地下水	水源补给、防止海水入侵、防止地面沉降

三、再生水利用设施建设特点

我国不同水资源条件、不同经济发展水平地区，再生水利用的发展模式不尽相同，总体上呈现出集中式与分散式并存的特点。在严重缺水的北京、天津等地，地方财政经济实力较强，能够对再生水厂与管网建设及运行提供资金、政策支持，这些地区大多以发展集中式再生水利用设施为主；在一些经济发展水平较弱的地区，则以发展分散式再生水利用设施为主。

集中式再生水利用设施主要分布在我国华北、华东地区，2018 年，两地区再生水厂的生产能力占全国总生产能力的 71.2%，再生水管道长度占全国再生水管道总长的 72.69%。华中、华南和西南地区再生水生产能力不足全国再生水生产能力总量的 15%，再生水管道长度仅为全国再生水管道总长的 10%。输配水管道不足，日益成为制约再生水利用发展的重要因素，例如西安市，2018 年全年用水总量达 19.69 亿 m³，污水处理总量 6.53 亿 m³，再生水生产能力也达到了 1.2 亿 m³，但再生水利用量仅有 1694 万 m³，主要原因在于输配水设施不足。

分散式再生水利用设施主要分布于经济欠发达地区，如昆明市发展分散式再生水利用设施较为迅速。截至 2018 年年底，昆明市已建成 14 个净化厂和 702 座分散式再生水利用设施，其中分散式处理设施的总设计处理规模达 18 万 m³/d，运行率达到 90% 以上。这些设施广泛分布于学校、公交停车场、企业、服务场所、住宅小区、市政园林绿化等行业和单位。

四、社会对再生水利用的认知程度

随着再生水设施在新建居民住宅小区中的推广使用，居民区清洁绿化等用水的水源结构在逐渐发生改变，再生水慢慢进入居民生活中。但由于对再生水利用的宣传力度不够，公众对再生水使用仍认识不足，部分居民在生活中不能接受使用再生水。

公众的认知和接受意愿是决定再生水回用项目成败的主要因素，人们还普遍存在一些认识上的误区，认为再生水来源于污水，洁净度低，安全性差，对健康十分不利，这阻碍了人们接受再生水的步伐。公众接受的前提和基础是对再生水的用途、质量、安全等属性的全面认知。近年来，对于公众再生水认知程度的调查研究始终在进行中，通过开放式的问卷调查确定公众水资源及再生水认知水平和接受意愿，借此为制定合理的宣传手段提供建议。

第三节　深入推进再生水利用的重要意义

再生水利用具有节约用水和保护环境双重效果，是应对我国水资源短缺和水环境恶化严峻形势的不可或缺的关键措施，对于建设节水型社会、落实节能减排目标、建设"资源节约型、环境友好型"社会具有重要意义。

一、符合国家相关政策法规的要求

我国的《水法》《循环经济促进法》中对鼓励和发展再生水做出了规定。《水法》第二十三条规定："地方各级人民政府应当结合本地区水资源的实际情况，按照地表水与地下水统一调度开发、开源与节流相结合、节流优先和污水处理再利用的原则，合理组织开发、综合利用水资源。"第五十二条规定："加强城市污水集中处理，鼓励使用再生水，提高污水再生利用率。"该条款明确提出了鼓励再生水利用。《循环经济促进法》第二十七条规定："国家鼓励和支持使用再生水。在有条件使用再生水的地区，限制或者禁止将自来水作为城市道路清扫、城市绿化和景观用水使用。"

中共中央、国务院颁布的政策性文件对再生水开发利用提出了要求（表1-2）。《关于加快推进生态文明建设的意见》（中发〔2015〕

12号）提出"积极开发利用再生水、矿井水、空中云水、海水等非常规水源"。《国务院关于印发水污染防治行动计划的通知》（国发〔2015〕17号）、《国务院关于实行最严格水资源管理制度的意见》（国发〔2012〕3号）两部政策性文件明确提出了将再生水等非常规水源纳入水资源统一配置。中办、国办印发的《关于建立资源环境承载能力监测预警长效机制的若干意见》（厅字〔2017〕25号）在水资源管控措施中提出"对水资源超载地区，加大节水和非常规水源利用力度，优化调整产业结构"。

表1-2　　　国家政策性文件对再生水开发利用的要求

中共中央、国务院文件	对再生水开发利用的要求
《关于加快推进生态文明建设的意见》（中发〔2015〕12号）	积极开发利用再生水、矿井水、空中云水、海水等非常规水源
《国务院关于印发水污染防治行动计划的通知》（国发〔2015〕17号）	将再生水、雨水和微咸水等非常规水源纳入水资源统一配置
《国务院关于实行最严格水资源管理制度的意见》（国发〔2012〕3号）	鼓励并积极发展污水处理回用、雨水和微咸水开发利用、海水淡化和直接利用等非常规水源开发利用。非常规水源开发利用纳入水资源统一配置
《关于建立资源环境承载能力监测预警长效机制的若干意见》（厅字〔2017〕25号）	对水资源超载地区，暂停审批建设项目新增取水许可；对临界超载地区，暂停审批高耗水项目，严格管控用水总量，加大节水和非常规水源利用力度，优化调整产业结构；对不超载地区，严格控制水资源消耗总量和强度，强化水资源保护和入河排污监管

　　水利部在推进再生水利用方面开展了大量的工作。2009年发布了《关于加强城市污水处理回用促进水资源节约与保护的通知》（水资源〔2009〕289号）。2017年8月发布了《关于非常规水源纳入水资源统一配置的指导意见》（水资源〔2017〕274号），针对将城镇再生水和集蓄雨水、微咸水、海水和淡化海水等非常规水源纳入水资源

统一配置，提出了总体目标、配置目标、监督措施。

《水污染防治行动计划》《水利改革发展"十三五"规划》等重要文件，提出了对再生水利用发展的目标要求。其中，《水污染防治行动计划》明确要求"到 2020 年，缺水城市再生水利用率达到 20％以上，京津冀区域达到 30％以上"。《水利改革发展"十三五"规划》提出"鼓励非常规水源利用，加大雨洪资源、海水、再生水、矿井水、微咸水等开发利用力度，把非常规水源纳入区域水资源统一配置；以缺水及水污染严重地区为重点，加快建设再生水利用设施，按照'优水优用，就近利用'的原则，在工业生产、城市绿化、道路清扫、车辆冲洗、建筑施工及生态景观等领域优先使用污水再生水；到 2020 年，缺水城市再生水利用率达到 20％以上，京津冀地区达到 30％以上"。《水利部关于非常规水源纳入水资源统一配置的指导意见》提出了非常规水源配置量目标："到 2020 年，全国非常规水源配置量力争超过 100 亿 m^3，京津冀地区非常规水源配置量超过 20 亿 m^3，缺水地区和地下水超采区非常规水源的配置规模明显提高。"

二、缓解城市水资源短缺的重要手段

我国是一个水资源短缺的国家，资源性、工程性、水质性缺水长期并存，水资源短缺与水环境恶化已成为新时期经济社会可持续发展和全面建设小康社会的重要制约性因素。我国的人均占有水资源量约 2200m^3，只有世界人均占有量的 1/4。截至 2018 年，我国用水总量已经突破 6000 亿 m^3，达到 6015 亿 m^3，但全国年缺水量仍达 500 多亿 m^3。根据《全国水资源综合规划》，全国多年平均总缺水量为 536 亿 m^3。随着国民经济持续快速发展，城镇化、工业化进程的快速推进和人民生活物质需求的不断提高，城市对水资源需求的急剧增长，引发城市缺水、地下水严重超采等诸多问题。未来全球气候变化对水资源的影响也不容忽视，突发和持续性气象灾害

将引发更大的水资源风险。

与此同时，城市的运行产生了大量的污水。据有关资料统计，城市供水的80%转化为污水，经收集处理后，其中70%的水可以再次循环使用。这意味着通过污水回用，可以在现有供水量不变的情况下，使城市的可用水量至少增加50%以上。国内外大量的实践表明，城市生活污水经过处理后产生的再生水是城市的重要水源，可以替代清洁水源，能够广泛用于城市生产生活，并成为城市水资源的重要组成部分。

从实践看，近年来在落实生态文明建设的背景下，城市污水处理厂的建设高速推进，城市生活污水处理量快速增长，为再生水利用的发展提供了基础。如果按照2018年全国污水处理总量521.1亿 m^3 估算，根据"十三五"水利发展规划确定的目标，到2020年再生水利用率京津冀地区不低于30%、缺水城市不低于20%、其他城市和县城力争达到15%估算，全国再生水利用每年可以减少约100亿 m^3 的地表水和地下水取用量。

我国一些缺水大城市的实践充分证明了这一点。如北京市，从2004年起，北京将再生水纳入水资源统一调配，全市再生水利用量由2004年的2亿 m^3 增加到2018年的10.76亿 m^3，占总用水量的比例由6%增加到27%。2008年以来，每年利用再生水量超过地表水，成为全市稳定可靠的新水源。同时，依据"生态环境用水以利用高品质再生水为主，工农业生产用水鼓励使用再生水"的原则，北京市编制了再生水利用规划，制定并执行了更为严格的再生水水质标准

综上，大力推进再生水利用，可以提供安全、稳定、可靠的城市替代水源，对城市水资源进行有效补充，并促进水资源利用效率和效益的提高，是解决城市缺水问题的战略选择。

三、落实绿色发展理念的要求

绿色发展理念是我国五大发展理念之一。党的十九大报告提出

推进绿色发展，提出推进资源全面节约和循环利用，实施国家节水行动，降低能耗、物耗，实现生产系统和生活系统循环链接。再生水可以成为稳定、连续、可用性高的替代水源，原因主要有以下几点：城市生活污水量大且集中；水量水质相对较稳定，并且与季节、雨旱季、洪水、枯水等因素相关性低；厂址多位于城市附近，就近利用方便。大力推进再生水利用，推动循环用水，提高水资源利用效率和效益，能够形成绿色产业链，实现资源再生利用，是落实绿色发展的有力举措。

同时，再生水在替代常规水源的同时，能够有效减少污水排放量，削减入河湖污染物总量，减轻水污染防治压力，实现水功能区水质目标，改善和保护水生态环境，这同样是落实绿色发展理念的集中体现。

四、落实节水优先和提高水资源利用效率的重要措施

"节水优先、空间均衡、系统治理、两手发力"是新时期的治水方针。国务院2012年3号文件对实施最严格水资源管理制度进行了全面部署，确定水资源开发利用控制红线、用水效率控制红线、水功能区限制纳污红线三条红线的控制目标，并确定了水资源开发利用强度和效率"双控"指标。在用水效率控制方面，要求到2030年用水效率达到或接近世界先进水平，万元工业增加值用水量降低到40m^{3}以下，农田灌溉水有效利用系数提高到0.6以上。

推动再生水利用，对落实节水优先和提高水资源利用效率具有重要意义。作为一种稳定的水源，再生水减少了新鲜水取用量，促进了水资源的循环利用，提高了重复利用率，显著改善水资源利用效率和效益。

五、落实水污染防治行动计划的重要举措

我国现阶段水体污染加重、水环境恶化的问题仍十分严峻。尽

管我国已经实施了严格的排污许可证制度，制定了严格的污水排放标准，但如果在一定时段内排污量过大，达到或超过水体承载力，必然会带来水环境问题。现阶段看，入河湖的污染负荷仍大大超过水体自净能力，导致水生态环境恶化趋势难有根本改观。2018年我国全国工业和生活的废污水排放总量为750亿 t，监测的1795个国考断面（点位）中Ⅲ类及以下的水质达49.6%，直接威胁流域居民健康福祉和城乡饮用水安全。

同时，我国近年来工业化、城镇化的快速推进和国家环保事业的加速发展，使污水处理能力显著提升，从2014年到2018年，我国新增城市污水日处理能力3794万 t，大量经过集中处理的污水为发展城市再生水利用提供了充足的水源保证。在这一背景下，大力发展再生水利用，可显著降低城市排污负荷，改善城市河湖环境，对落实水污染防治行动计划、缓解我国水环境恶化严峻形势、打赢污染防治攻坚战具有重要意义。

六、促进新兴产业形成的重要途径

（一）具有很大的市场潜力

1. 从供给端看

我国工业化、城镇化进程的加快会带来城市用水量的快速增加，有用水就有排水，污水处理量也会大幅度增加，这就使再生水利用有了大量的"原水"。按照《"十三五"全国城镇污水处理及再生利用设施建设规划》（发改环资〔2016〕2849号）提出的要求，2020年我国城镇污水处理规模达到26766万 m^3/d，新建污水再生利用设施规模1505万 m^3/d，再生水利用率京津冀地区不低于30%，缺水城市不低于20%，其他城市和县城力争达到15%；按照产能的70%计算供给能力，并且以供给能力作为市场规模的主要依据，则2020年年底的污水处理量约680亿 m^3/a，再生水利用规模将不低于100亿 m^3（全国依照最低利用率15%计算）。随着城市用水量的继续增加,这个数值将不断提高。

2. 从需求端看

全国比较严重的缺水城市达 110 个,全国城市缺水总量为 60 亿 m^3,大量的再生水资源作为城市"第二水源",能弥补这些城市的水资源供需缺口,缓解其水资源短缺程度,为经济社会可持续发展提供充足的水资源保障。同时,未来伴随国家推动高质量发展,一些潜在的新兴环保和资源节约利用产业,如雨水利用、再生水利用、海水淡化、污水治理等,必将迎来集中增长期,再生水利用产业将成为重要的新经济增长点。

(二) 再生水具有一定的价格优势

近年来我国大力推动实施阶梯水价,2018 年 36 个重点城市约 70%的城市居民用水第一阶梯终端水价分布在 2.5~3.5 元/m^3 范围内,另各有 11%的城市的第一阶梯终端水价范围位于 3.5~4 元/m^3 和大于 4.5 元/m^3。超六成的城市非居民用水的终端水价高于 4 元/m^3,5~6 元/m^3 的比例为 18%;6~7 元/m^3 为 9%;不低于 7 元/m^3 的城市有 11%。特种行业用水,52%的城市其定价分布在 5~15 元/m^3;约 20%的城市分布在 15~20 元/m^3 范围内,另有 9%的城市(地区)价格分布在 20~25 元/m^3 范围内,12%的城市价格不低于 25 元/m^3。而目前我国推行再生水利用的城市,对再生水通常采取低水价政策,基本上都在 1 元/m^3 左右,实行再生水分类定价的城市用于工业和城市非饮用的再生水价格也不超过 2 元/m^3。再生水价格远低于自来水水价,且大多数城市对再生水生产企业进行税费减免,因此使用再生水具有一定经济效益,为培育潜在市场和促进经济结构转型提供了契机。

(三) 经济成本较低

由于为城市兴建的调水工程一般要经过主体工程、配套工程、城市制水配水环节等才能供水到户,工程投资巨大,供水成本一般很高。根据对国内一些调水工程供水成本的测算分析，以陕西引汉济渭工程和云南滇中调水工程为例，按照规划成果测算，前者到西安市的供水成本为5元/m³左右，后者到昆明市的供水成本约为3元/m³；由于调水工程的实际投资往往比规划投资要高出很多，工程建成后供水成本会更高。相比之下，再生水利用工程经济成本较低，可以成为新兴水产业。目前西安、昆明的再生水价格在1～3元/m³，再生水具有明显的价格优势。再以天津市为例，天津市远距离调水的全成本为8.27元/m³，海水淡化的成本为6.3元/m³左右，而天津市再生水的价格，工业用再生水价格为1.3元/m³，城市杂用再生水价格为1.8元/m³。远距离调水额外需要移民0.56人/万m³，淹占地0.32亩❶/万m³，容易产生供用水矛盾。详见表1-3。

表1-3 海水淡化与远距离调水对比（以天津为例）

水源方式	成本/(元/m³)	移民/(人/万m³)	淹占地/(亩/万m³)	供用水矛盾
远距离调水	8.27	0.56	0.32	有
海水淡化	6.3	无	无	无
再生水（水价）	1.3～1.8	无	无	无

---

❶ 亩为惯用的非法定计量单位，1亩≈666.67m²。

第二章

再生水利用相关法律法规

健全的法律法规为开展再生水利用提供法律依据。目前我国国家层面尚未建立一部综合的再生水利用法律或法规。北京、大津、宁波、呼和浩特、西安等城市在再生水利用立法方面发展较快，率先在再生水利用领域颁布实施了地方性法规、政府规章，有力推动了当地再生水事业的发展。整体上看，再生水利用的法律法规体系仍不健全，亟待完善再生水利用法规体系建设的上位法，制定出台再生水利用条例及配套文件，明确再生水利用基本法规制度，加快立法进程，为促进再生水利用提供法律支撑。

第一节　我国再生水利用法律法规
体系建设总体情况

据不完全统计，截至 2020 年 6 月底，我国与再生水利用直接相关的法规、规章及规范性文件共计 45 部，其中国家层面有 1 部部门规章、1 部规范性文件；地方层面 43 部，包括 4 部地方性法规，23 部地方政府或部门规章，16 部地方规范性文件。内容涉及再生水利用的法律法规、规章及规范性文件共计 112 部，其中，国家层面有 10 部，包括 2 部法律、2 部法规、1 部部门规章、5 部规范性文件；地方层面有 102 部，包括 8 部省级法规、6 部省级政府规章、52 部

省级规范性文件、13 部地市级法规、13 部地市级政府规章、10 部地市级规范性文件。

一、全国性法律法规体系建设情况

（一）法律

1.《中华人民共和国水法》（2002 年修订）

1988 年 1 月，我国颁布了《中华人民共和国水法》，是新中国第一部水的基本法。2002 年 10 月，新修订的《中华人民共和国水法》开始施行，修订后的新《中华人民共和国水法》被定位为"水资源管理方面的基本法律"，突出节约用水，强化水资源的合理配置和保护，促进水资源的综合开发、利用，健全执法监督机制的原则。其中一些规定与再生水利用相关。

第二十三条规定："地方各级人民政府应当结合本地区水资源的实际情况，按照地表水与地下水统一调度开发、开源与节流相结合、节流优先和污水处理再利用的原则，合理组织开发、综合利用水资源。"该条款明确提出了水资源综合开发利用，应考虑再生水利用。

第五十二条规定："加强城市污水集中处理，鼓励使用再生水，提高污水再生利用率。"该条款明确提出了鼓励再生水利用。

2.《循环经济促进法》（2009 年 1 月 1 日施行，2018 年 10 月26 日修订）

《循环经济促进法》第二十七条规定："国家鼓励和支持使用再生水。在有条件使用再生水的地区，限制或者禁止将自来水作为城市道路清扫、城市绿化和景观用水使用。"

（二）行政法规

目前，国务院尚无针对再生水利用的专门行政法规，在一些已发布的行政法规中制定了再生水利用的相关规定。

1.《中华人民共和国抗旱条例》（2009 年）

《中华人民共和国抗旱条例》规定在发生轻度干旱和中度干旱的条件下可以使用再生水等非常规水源。

2.《城镇排水与污水处理条例》（2014 年 1 月 1 日起施行）

《城镇排水与污水处理条例》第六条规定："县级以上人民政府鼓励、支持城镇排水与污水处理科学技术研究，推广应用先进适用的技术、工艺、设备和材料，促进污水的再生利用和污泥、雨水的资源化利用，提高城镇排水与污水处理能力。"

《城镇排水与污水处理条例》第三十七条规定："国家鼓励城镇污水处理再生利用，工业生产、城市绿化、道路清扫、车辆冲洗、建筑施工以及生态景观等，应当优先使用再生水。县级以上地方人民政府应当根据当地水资源和水环境状况，合理确定再生水利用的规模，制定促进再生水利用的保障措施。再生水纳入水资源统一配置，县级以上地方人民政府水行政主管部门应当依法加强指导。"

（三）部门规章

目前，国家层面针对再生水利用的部门规章，主要有《城市中水设施管理暂行办法》（建城字第〔1995〕713 号）。《城市中水设施管理暂行办法》颁布较早，是我国第一部针对中水的部门规章，主要针对新建工程应配套建设中水设施，从设施设计、运行维护、中水水质标准等方面提出了相关规定。

二、地方性法规体系建设情况

据不完全统计，各地出台了直接面向再生水利用的法规、规章与政策性文件共计 43 部，其中地方性法规 4 部、地方政府规章 23 部、地方规范性文件 16 部。北京、天津、宁波、昆明、西安、呼和浩特等城市在再生水利用立法方面发展较快，率先在再生水利用领域颁布实施地方性法规、政府规章，有力推动了当地再生水事业的

发展。

（一）地方性法规

目前，天津、宁波、呼和浩特、西安四个城市专门针对再生水利用出台了地方性法规，制定了相关条例。

1.《天津市城市排水和再生水利用管理条例》（2003 年施行）

天津市于 2003 年 12 月颁布施行了《天津市城市排水和再生水利用管理条例》，这是我国首部对再生水利用与管理进行规范的地方性法规，在全国率先以立法的形式对再生水利用的规划、建设、设施管理、水质水量等做出了规定。2005 年 7 月对该条例进行了修正，进一步明确了再生水的使用范围，增加了有关不使用再生水的法律责任，强化了再生水的推广利用，加大了再生水行政管理的力度。2012 年 5 月 9 日对该条例进行第二次修正。

2.《宁波市城市排水和再生水利用条例》（2008 年施行）

《宁波市城市排水和再生水利用条例》自 2008 年 3 月 1 日起施行，明确了城市排水行政主管部门在再生水利用方面的责任。鼓励建设再生水利用设施，在再生水供水区域内再生水水质符合用水标准，有下列情形的，应当优先使用再生水：城市绿化、环境卫生、车辆冲洗、建筑施工等市政设施用水；冷却用水、洗涤用水、工艺用水等工业生产用水；观赏性景观用水、湿地用水等环境用水；其他适宜使用再生水的。明确了损害再生水利用设施的行为：占压、堵塞、损坏城市排水设施和再生水利用设施；在排水、再生水利用管网覆盖面上植树、打桩、埋设线杆及其他标志物、挖坑取土；在城市排水设施和再生水利用设施的安全保护范围内修建影响安全的建筑物、构筑物或者设置妨碍维修的设施；向城市排水管道倾倒垃圾、施工泥浆、粪便等废弃物；向城市排水管道排放有毒有害、易燃易爆等物质；其他危害城市排水设施和再生水利用设施的行为。

3.《呼和浩特市再生水利用管理条例》（2020 年施行）

《呼和浩特市再生水利用管理条例》于 2020 年 1 月 1 日起正

式实施，是全国设区的市制定出台的第一部专门针对再生水利用的地方性法规。《呼和浩特市再生水利用管理条例》共 28 条，对再生水利用经费保障、利用设施建设管理与保护，再生水水质标准、再生水使用范围、经营单位权责等内容进行了规范。将再生水纳入水资源统一配置，为全面推进再生水的发展提供了政策依据，也让《呼和浩特市再生水利用管理条例》在实施过程中有了明确的政策导向和依据。在加强再生水利用设施建设的同时，对禁止损害再生水利用设施做出专门规定，一方面加强对再生水利用设施的保护，另一方面确保再生水使用安全。

4.《西安市城市污水处理和再生水利用条例》(2012 年施行)

《西安市城市污水处理和再生水利用条例》于 2012 年 8 月 29 日西安市第十五届人民代表大会常务委员会第三次会议通过，2012 年 9 月 27 日陕西省第十一届人民代表大会常务委员会第三十一次会议批准。根据 2016 年 12 月 22 日西安市第十五届人民代表大会常务委员会第三十六次会议通过，2017 年 3 月 30 日陕西省第十二届人民代表大会常务委员会第三十三次会议批准的《西安市人民代表大会常务委员会关于修改〈西安市保护消费者合法权益条例〉等 49 部地方性法规的决定》修正。《西安市城市污水处理和再生水利用条例》共 50 条，对再生水利用主管部门进行了明确，对城市污水处理和再生水利用规划和建设、再生水纳入水资源统一配置、再生水利用设施的维护、相关法律责任等内容进行了规范。

(二) 地方政府规章和规范性文件

据不完全统计，北京、天津、河北、辽宁、黑龙江、安徽、山东、四川、云南、宁夏、内蒙古 11 个省 (自治区、直辖市) 的 16 个城市，以及深圳、大连、宁波、青岛 4 个计划单列市颁布了直接针对再生水利用的地方规章和规范性文件，如《北京市中水设施建设管理试行办法》《沈阳市再生水利用管理办法》《昆明市再生水管理办法》《昆明市城市再生水利用专项资金补助实施办法》《沈阳市

再生水利用管理暂行办法》等。

1.《北京市中水设施建设管理试行办法》（1987 年 6 月施行，2010 年 11 月 27 日修订）

1987 年，北京市颁布了《北京市中水设施建设管理试行办法》，这是我国首部关于中水利用的地方性规章。该规章规定：凡建筑面积超过 2 万 m² 的宾馆、饭店和公寓，超过 3 万 m² 的机关、科研单位、大专院校和大型文化、体育等建筑都要建中水设施。之后，深圳、大连、济南也相继出台了中水利用的管理暂行办法或管理办法。我国中水设施建设开始进入依法实施的阶段。

2.《北京市排水和再生水管理办法》（2010 年 1 月施行）

北京市自 2004 年成立水务局以来，不断加大再生水利用工作力度。2009 年出台了《北京市排水和再生水管理办法》，规范了再生水使用的适用范围为："本市再生水主要用于工业、农业、环境等用水领域。新建、改建工业企业，农田灌溉应当优先使用再生水；河道、湖泊、景观补充水优先使用再生水；再生水供水区域内的施工、洗车、降尘、园林绿化、道路清扫和其他市政杂用用水应当使用再生水。"赋予水行政主管部门再生水管理职责，明确由水行政主管部门承担排水设施管理职能，规定"城镇地区公共排水和再生水设施的运营单位，由水行政主管部门会同有关部门确定。专用排水和再生水设施由所有权人负责运营和养护，并承担相应资金。住宅区实行物业管理的，由业主或者其委托的物业服务企业负责；有住宅管理单位的，由住宅管理单位负责。"为加强北京市公共排水和再生水设施的建设、运营管理，规范公共排水和再生水设施建设和运营养护工作，根据《北京市排水和再生水管理办法》和有关法律法规，北京市水务局印发了《北京市排水和再生水设施建设管理暂行规定》和《北京市排水和再生水设施运行管理暂行规定》。

3.《昆明市再生水管理办法》（2010 年 10 月施行）

《昆明市再生水管理办法》明确了昆明市再生水的管理体制，由市水行政主管部门主管本行政区域内的再生水工作。发展和改革、环境保护、滇管、规划、住建、园林绿化等部门按照各自职责，共同做好再生水管理的相关工作。管理办法突出了三方面内容：一是范围扩大到昆明市行政区域；二是突出了分散式再生水利用设施委托具有环境污染治理设施运营资质的专业公司进行运行管理的要求；三是突出了再生水利用的保障措施。

4.《昆明市城市再生水利用专项资金补助实施办法》（2009 年 4 月实施）

2009 年昆明市人民政府办公厅印发了《昆明市城市再生水利用专项资金补助实施办法》，率先建立再生水利用补助与设施补建的资金补助机制。明确了在按月抽检水质并达标的前提下，按实际处理使用的再生水水量给予再生水利用设施管理单位 0.70 元/m³ 的再生水利用资金补助；规范了住宅小区等有关单位补建分散式再生水利用设施的资金补助标准及操作细则。

5.《沈阳市再生水利用管理办法》（2020 年 3 月施行）

《沈阳市再生水利用管理办法》规定沈阳市水行政主管部门负责本市再生水利用的规划和监督管理，区、县（市）人民政府水行政主管部门负责本行政区域内再生水利用的监督管理。沈阳市水行政主管部门应当将再生水利用纳入水资源的供需平衡体系，实行水资源统一配置。明确了应当优先使用再生水的六种情形，并且明确再生水的价格应当以补偿成本和合理收益为原则，综合考虑本地区水资源条件、产业结构和经济状况，根据再生水的投资运行成本、供水规模、供水水质、用途等因素合理确定。规定沈阳市政府每年应当对区、县（市）再生水利用情况进行考核。

地方性再生水利用法规、规章见表 2-1。

表 2－1   地方性再生水利用法规、规章

类别	地区	名　称	施行时间
法规	天津	天津市城市排水和再生水利用管理条例	2003 年 12 月 1 日
	浙江	宁波市城市排水和再生水利用条例	2008 年 3 月 1 日
	内蒙古	呼和浩特市再生水利用管理条例	2020 年 1 月 1 日
	陕西	西安市城市污水处理和再生水利用条例	2012 年 12 月 1 日
规章	北京	北京市中水设施建设管理试行办法	1987 年 6 月 1 日
		北京市排水和再生水管理办法	2010 年 1 月 1 日
	天津	天津市再生水利用管理办法	2015 年 10 月 1 日
	河北	邯郸市城市再生水利用管理办法	2020 年 2 月 1 日
		唐山市城市再生水利用管理暂行办法	2006 年 11 月 1 日
	辽宁	沈阳市再生水利用管理办法	2020 年 3 月 1 日
	黑龙江	哈尔滨市再生水利用管理办法	2017 年 6 月 1 日
	安徽	合肥市再生水利用管理办法	2018 年 8 月 15 日
		淮北市城市中水利用管理办法	2009 年 9 月 23 日
	山东	山东省城市中水设施建设管理规定	1998 年 10 月 7 日
		济南市城市中水设施建设管理暂行办法	2003 年 1 月 1 日
		烟台市城市再生水利用管理办法	2013 年 7 月 1 日至 2018 年 6 月 30 日
		潍坊市城市中水设施建设管理办法	2011 年 7 月 8 日
		临沂市城市中水设施建设管理暂行办法	2010 年 4 月 19 日
	云南	昆明市再生水管理办法	2010 年 10 月 1 日
		昆明市城市再生水利用专项资金补助实施办法	2009 年 4 月 1 日
		昆明市城市中水设施建设管理办法	2004 年 5 月 1 日
		安宁市再生水利用管理办法	2010 年 6 月 14 日

类别	地区	名　　称	施行时间
规章	宁夏	银川市再生水利用管理办法	2007 年 11 月 1 日
	内蒙古	包头市再生水管理办法	2012 年 8 月 1 日
	广东	深圳市再生水利用管理办法	2014 年 1 月 22 日
	辽宁	大连市城市中水设施建设管理办法	2003 年 12 月 3 日修订
	山东	青岛市城市再生水利用管理办法	2004 年 2 月 1 日
	福建	厦门市城市再生水开发利用实施办法	2015 年 10 月 16 日

三、现行再生水法律法规规范条款梳理

(一) 设施建设投融资方面

1. 加大投资力度

《北京市实施〈中华人民共和国水法〉办法》鼓励投资建设再生水输配水管线和再生水利用设施。

2. 明确筹资来源

《宁波市城市排水和再生水利用条例》规定市和县（市）、区人民政府应当加大对城市污水处理回用设施建设的公共财政投入；《南昌市城市供水和节约用水管理条例》鼓励单位和个人对再生水投资建设与经营；《昆明市城市节约用水管理条例》鼓励单位和个人以独资、合资、合作等方式建设再生水利用设施和从事再生水经营活动。

3. 明确筹资方式

《天津市城市排水和再生水利用管理条例》明确要求"鼓励以多种投资方式建设、经营城市排水和再生水利用设施，推进城市污水处理和再生水利用的产业化"；《浙江省循环经济发展专项资金管理暂行办法》规定列入"991 行动计划"重点项目的中水利用、列入重大循环经济科技开发和应用推广类的再生水回用技术，可以使

用省循环经济专项资金。

（二）设施建设管理方面

1. 明确设施建设管理主体

国家层面出台的《城市中水设施管理暂行办法》明确指出，"城市中水设施由建设主管部门负责规划、建设及归口管理。已建成的住宅小区符合中水设施建设条件的，城市建设行政主管部门应当有计划地组织配套建设中水设施。"

《宁波市城市排水和再生水利用条例》明确城市排水行政主管部门是城市再生水利用设施建设管理主体。该条例第七条规定，"建设行政主管部门和城市排水行政主管部门应当按照各自职责分工并依据城市排水和再生水利用规划制定城市排水设施和再生水利用设施建设计划，并负责组织实施城市排水设施和再生水利用设施建设计划。"

《大连市城市中水设施建设管理办法》第八条明确提出"城市建设监督管理部门，应同时负责中水设施建设的施工监督管理工作"。

2. 明确设施建设要求

规范设施设计、施工、验收过程。《宁波市城市排水和再生水利用条例》设立单独章节明确再生水利用工程设施的建设规划、工程设计、组织验收等具体过程，如第八条规定"编制城市排水和再生水利用规划和新建、改建、扩建城市排水设施，应当遵循统一规划、配套建设和雨水、污水分流的原则"；第十一条规定"城市排水和再生水利用设施建设应当遵守国家、省、市的技术要求，并且符合保护周围建筑物、构筑物等相关设施的技术要求"；第十二条规定"承担城市排水和再生水利用工程设计、施工和监理的单位应当具有国家规定的相应资质，并执行相应的规定"。

3. 明确建筑工程配置再生水设施的要求

各地根据自身情况，因地制宜，针对新建、改建、扩建工程配置再生水设施提出相关要求。如《北京市中水设施建设管理试行办法》（1987年）第三条规定：凡在本市行政区域内新建建筑面积2万m² 以上的旅馆、饭店、公寓等，建筑面积3万m² 以上的机关、科研单位、大专院校和大型文化、体育等建筑，以及按规划应配套建设中水设施的住宅小区、集中建筑区等工程，应按规定配套建设中水设施。《北京市排水和再生水管理办法》明确提出"公共排水管网覆盖范围以外地区，新建、改建、扩建建设工程达到规模要求的，建设单位应当按照有关规定建设污水处理和再生水设施"。

（三）设施运营管理与维护方面

1. 明确设施运营管理主体

目前城市再生水利用设施运营管理主体主要是节水管理部门、建设行政管理部门。如《城市中水设施管理暂行办法》规定"各城市节水管理部门负责城市中水设施的日常管理工作"。《济南市城市中水设施建设管理暂行办法》规定"城市中水设施具体管理工作由市城市计划节约用水办公室负责"。

对于再生水利用设施具体管理，可以由供水单位负责。这里的供水单位，既可以是再生水供应单位，如《银川市再生水利用管理办法》规定"市再生水供水单位具体负责再生水供应、利用和再生水供水设施的管理"，也可以是委托的自来水供应单位，如《天津市住宅小区及公建再生水供水系统建设管理规定》明确提出"住宅小区及公建再生水和自来水供水设施管理和运行维护统一由自来水供应单位实施"。房屋管理单位也具有相应管理职责，《北京市中水设施建设管理试行办法》第八条规定"中水设施交付使用后，由房屋管理单位负责日常管理与维修"。

2. 加强运营养护管理

一是制定运营养护计划管理制度。《北京市排水和再生水设施运营管理办法（草案）》规定"运营单位应当在上年度末制定下一年度运营养护计划，并报同级水行政主管部门审查。审查通过后报同级财政部门申请运营养护资金"。

二是明确运营情况报告制度。《北京市排水和再生水设施运营管理办法（草案）》规定了运营情况报告制度，要求"常规运营报告实行月统月报制度。中心城区运营单位报市水行政主管部门。中心城以外的运营单位应当按照有关规定按月对运行数据进行统计汇总，报区（县）水行政主管部门审核后，报市水行政主管部门。排水和再生水设施发生运行事故、进水水质水量严重超过设计标准，或其他可能影响出水水质等情况时，运营单位应当立即采取应对措施，并按程序报告"。

三是加强专业化管理。《昆明市再生水管理办法》第二十一条明确指出"分散式再生水利用设施通过竣工验收投入运行后，产权单位、住宅小区业主或者物业管理公司应当委托具有设施运营资质（污、废水方面）的专业公司负责设施的运行管理。运行管理人员应当取得污水处理工职业资格证书后，才能从事设施的运行管理工作"。

（四）再生水利用激励与约束方面

1. 电价优惠

《河北省城市污水处理费收费管理办法》规定"对再生水生产用电实行优惠电价"。

2. 税费减免

《河北省城市污水处理费收费管理办法》规定"对再生水生产免征水资源费和城市公用事业附加"。

3. 财政补助

《海口市城市供水排水节约用水管理条例》明确"市人民政府应当制定和落实财政补助、费用减免、计划用水指标管理、表彰奖励等政策措施，鼓励和扶持对污水、中水、海水以及雨水等的开发、利用"；《浙江省节能、工业节水财政专项资金管理暂行办法》

提出"对重点用水行业单位采用先进节水工艺、技术和设备，实行废水重复利用技术的，按照项目实际投资额的 5%～10% 给予补助"。

（五）再生水价格方面

再生水作为一种重要的补充水源，在缓解水资源短缺中发挥了重要的作用。我国一些城市已经开始采用价格机制调节再生水利用市场供求关系，国家及地方的一些规范性文件中，也都体现了再生水有偿使用、再生水计量收费、再生水定价、再生水的成本补偿与激励等方面内容。

1. 再生水有偿使用

在已出台的再生水利用相关条例和管理办法中，都规定了再生水有偿使用的条款，以法规的形式体现了再生水有偿使用的原则。《太原市城市排水管理条例》（2010 年）、《大连市城市中水设施建设管理办法》《关于印发〈山东省城市中水设施建设管理规定〉的通知》等规定了中水应当实行有偿使用。

2. 再生水计量收费

河北、山西、内蒙古等 13 个省份进一步明确了要"制定再生水价格标准"，再生水定价工作稳步推进。北京、天津以及安徽省合肥市还通过发布规范性文件的形式确定了城市的再生水价格，将再生水价格制定纳入法制体系中。

《宁波市城市排水和再生水利用条例》明确提出要实行再生水利用的计量收费制度；《银川市再生水利用管理办法》要求明确再生水供水单位收费方式及用户计量用水方式。

3. 再生水定价机制

《青岛市城市再生水利用管理办法》提出，再生水具体价格标准由市物价部门会同有关部门制定，要通过价格机制合理确定自来水、再生水之间比价关系；《沈阳市再生水利用管理办法》规定，再生水的价格应当以补偿成本和合理收益为原则，综合考虑本地区水资源条件、产业结构和经济状况，根据再生水的投资运行成本、供水规模、供水水质、用途等因素合理确定。

4. 再生水的成本补偿与激励

《北京市排水和再生水管理办法》规定，再生水价格由市价格行政主管部门会同有关部门制定并公布，再生水价格无法弥补供水成本时，公共财政应当建立成本补贴机制。

（六）安全监管方面

1. 再生水利用监管主体

《北京市排水和再生水管理办法》规定"水行政主管部门……建立公共排水和再生水设施监督管理体系，对设施的运行情况进行监督检查，对排水水质和再生水水质、水量进行监测"。《北京市排水和再生水设施运营管理办法（草案）》提出再生水日常检测由运营单位负责，第三方监测由水行政主管部门委托具有资质的检测部门执行。《唐山市城市再生水利用管理暂行办法》规定"城市管理行政部门应当委托具有相应资质的机构定期对再生水的水质进行监测"。

2. 再生水水质监测

《北京市排水和再生水设施运营管理办法（草案）》提出建立水质水量监测体系，包括日常检测、第三方监测和在线监测，要求按有关要求建立在线监测系统，监测项目和记录按有关规定执行。《昆明市再生水管理办法》提出要"配备简易水质检测设备，做好日常水质检测工作"。

（七）突发事件应急管理方面

北京、昆明、西安等城市制定了再生水利用的突发事件应急管理制度，明确突发事件应急预案的组织编制主体，明确应急预案的启动条件，建立突发事件应急管理制度。

《北京市排水与再生水管理办法》规定，"再生水设施运营单位应当制定再生水设施突发事件应急预案并按照规定进行演练。再生水设施运营单位不具备应急抢修能力的，应当事先与具备抢修能力的单位签订抢修协议，共同制定应急预案并进行演练。再生水设施发生突发事件时，运营单位应当启动应急预案；可能影响公共安全的，应向水行政主管部门报告。"

《昆明市再生水管理办法》要求，"再生水利用设施运行（营）管理单位应当制定再生水利用设施突发事件应急预案。发生突发事件时，运行（营）管理单位应当立即启动应急预案或采取应急措施，及时组织抢修；影响公共安全的，应当及时告知受影响的单位和公众，同时还应当向当地再生水监管部门和排水管理部门报告。"

《西安市城市污水处理和再生水利用条例》规定，"市、区、县水行政主管部门、城市污水处理行政主管部门应当会同有关部门编制辖区内污水处理及再生水利用突发事件应急预案，报同级人民政府批准后组织实施。发生再生水水质低于国家规定标准或者其他突发事件时，再生水经营单位应当立即停止供水，通知再生水用户，并向水行政主管部门报告。"

第二节　再生水利用法律法规体系建设存在的问题

虽然我国再生水利用起步较早，但长期未能普及推广，其中一个重要障碍是立法滞后。当前再生水立法存在的主要问题，包括以下几个方面。

一、国家层面立法相对滞后

目前，《水法》《循环经济促进法》等法律有关章节少量涉及再生水开发利用的条款，但国家层面尚无一部专门的再生水利用法律或法规。现有法律仅宏观提出鼓励和支持，如《循环经济促进法》第二十七条规定"国家鼓励和支持使用再生水"，缺乏具体的措施

条款。

二、地方层面非常规水源利用法规建设有所进展，但整体上仍比较缺乏

近年来，地方根据自身实践需要，对非常规水源立法进行积极探索，取得一定进展。如再生水方面，地方性法规有 4 部，其中包括《天津市城市排水和再生水利用管理条例》《宁波市城市排水和再生水利用条例》；北京、天津、大连、深圳等城市则出台了专门针对再生水利用的规章与规范性文件。河南省出台《河南省非常规水开发利用管理暂行办法》，明确非常规水源的概念、管理内容、使用要求、具体规定等。但整体看，出台专门法规和规范性文件的地区是少数，粗略统计，各地出台的直接面向再生水利用的法规、规章与规范性文件仅 43 部。

三、现行法律法规对再生水利用缺乏约束力

涉及再生水利用的条款分布零散，除北京、天津等城市外，我国大多数省会城市与副省级城市、计划单列市也出台了涉及再生水利用的法规，但缺乏强制性条款，约束力不强，对促进再生水利用的效果不强。

第三节　完善再生水利用法律法规的措施建议

一、明确再生水利用法规体系建设的上位法

建立健全再生水利用法规体系的第一步是确定再生水利用法规体系的上位法。目前，我国已经形成了以《中华人民共和国水法》为基础的水法规体系，再生水利用法规体系是水法规体系的一个重要组成部分，水法应当作为其上位法。同时，再生水利用涉及部分再生水直接排入河道的情况，也应遵循《中华人民共和国水污染防

治法》关于水污染防治的相关内容。因此，这两部法律构成再生水利用法规体系的上位法。

二、尽快制定出台再生水利用条例

在明确上位法之后，建立健全再生水利用法规体系，必须出台专门性国家法规，明确再生水利用的相关法规制度，规范再生水利用各项活动，使再生水利用各项活动"有法可依"。

应进一步深化对制定再生水利用条例的必要性与紧迫性的认识，使各级政府和相关部门充分认识到目前我国水资源紧缺的严峻形势，认识到再生水作为替代水源的重要作用。加强立法工作的组织领导，深入开展调研，厘清现行制度的缺失和不足，遵从严格且完善的立法程序，加强相关部门间协调与合作，加大立法投入与保障，争取尽快出台再生水利用条例。条例从再生水利用的管理体制、规划、设施建设、设施运营与维护、监测与监督、保障措施、法律责任等方面明确相应内容，构建再生水利用的法规制度框架体系。特别是要明确法律责任，对应当使用而未使用再生水的，要规定严格的罚则，从而有效约束人们的行为。

三、研究拟定与再生水利用相关的管理办法

以再生水利用条例为核心，研究拟定与再生水利用相关的管理办法，出台相应的规章和规范性文件，完善配套政策，细化规范再生水利用各环节具体事宜。

（1）开展再生水利用条例实施细则编制，省级、城市的再生水利用立法工作，因地制宜，明确规划期内本地区再生水利用拟建立的关键制度。

（2）研究拟定再生水价格管理办法，明确再生水的定价原则和方法，指导地方的再生水定价工作，规范再生水价格管理。

（3）研究再生水利用安全监督管理办法，确定再生水利用安全

监管的重点内容、政府有关部门的安全监管职责、拟建立的机制和关键制度，指导地方加强再生水的安全生产和使用。

（4）研究拟定再生水水质监测管理办法，明确再生水水质监测责任主体，明确再生水生产企业在水质监督中的各项职责，规范包括再生水入水、出水、配送、利用各个阶段的水质监测标准、程序、奖惩措施等，指导各地加强再生水水质的监督管理。

（5）研究拟定再生水利用设施建设投融资管理办法、再生水利用企业市场准入管理办法等相关法规。

综上所述，搭建起再生水利用法律法规体系框架（图 2－1）。应尽快拟定立法规划，为建立健全再生水利用法规体系提供科学的规划支撑，促进各项立法目标的实现。

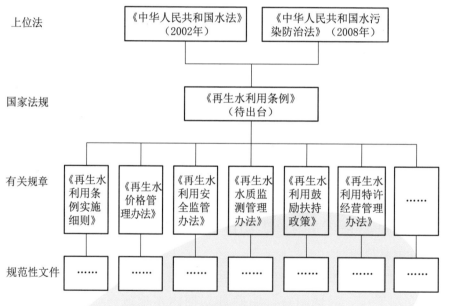

图 2－1　再生水利用法规体系框架图

四、建立部门间有效协调机制，加快立法进程

推进再生水利用立法工作，离不开政府的支持与相关部门之间

的协调与合作，需要充分协调好有关部门之间的利益关系。努力建立再生水利用相关部门间有效的部门协调机制，明确分工，信息共享。国务院水行政主管部门应加强与国务院法制办的沟通与交流，争取将再生水利用条例纳入国务院立法计划，加快立法进程。

五、加大再生水利用宣传力度，争取公众参与

从节约用水和水环境保护的角度，大力开展再生水利用示范宣传工作，通过制作再生水利用公益广告和科普知识宣传电视节目、举办再生水展览、组织开展再生水使用的群众活动，利用广播、报纸、杂志、互联网等多种形式，广泛深入地开展再生水利用的宣传教育，普及再生水及安全使用再生水的知识，消除公众使用再生水的心理障碍。提高公众对再生水利用重要性的理解与认识，支持再生水利用立法，积极参与到再生水利用条例的公开征求意见、立法听证等活动中。

六、鼓励地方自主探索，为国家立法提供实践基础

在加快推进再生水利用立法进程中，应充分尊重各地方立法积极性，鼓励再生水利用发展较为迅速的地区，积极开展本地区的再生水利用立法工作，明确本地区再生水利用的关键法规制度，不仅为地方再生水利用发展提供法制保障，同时也为国家再生水利用立法进行前期探索，提供实践经验。

第三章

再生水利用相关政策措施

我国城市再生水利用经过 30 多年发展，从投融资、价格、财税、优惠鼓励等方面制定了相关政策，并在国家和地方层面已出台的法规制度和政策性文件中有所体现，初步形成城市再生水利用政策体系。但客观来看，一些政策的支持力度仍不足，部分政策领域还存在空白，对再生水利用的促进作用不强。这要求按照问题导向，着重针对薄弱环节，健全相关政策，进一步发挥引导、激励和支持作用，推动再生水利用发展。

第一节　我国再生水利用政策性文件及主要政策措施

一、国家出台的主要政策性文件

（一）中共中央和国务院出台的政策性文件及其要求

中共中央和国务院出台的涉及再生水利用内容的政策性文件有：《国务院关于加强城市供水节水和水污染防治工作的通知》（国发〔2000〕36 号）、《国务院办公厅关于推进水价改革促进节约用水保护水资源的通知》（国办法〔2004〕36 号）、《国务院关于加快发展循环经济的若干意见》（国发〔2005〕22 号）、《关于加快水利改革发展的决定》(中发〔2011〕1号)、《国务院关于实行最严格水资源管理制度的意见》(国发〔2012〕3号)、《关于加快推进生态文明建设的意见》(中发〔2015〕12号)、《国务院关于印发水污染防治行动计划的通知》(国发〔2015〕17号)、《关于建立资源环境承载能力监测预警长效机制的若干意见》(厅字〔2017〕25号)。

(1)《国务院关于加强城市供水节水和水污染防治工作的通知》提出,大力提倡城市污水回用等非传统水资源的开发利用,并建议把其纳入水资源的统一管理和调配;要求缺水地区在规划建设城市污水处理设施时,还要同时安排污水回用设施的建设;城市大型公共建筑和公共供水管网覆盖范围外的自备水源单位,都应当建立中水系统,并在试点基础上逐步扩大居住小区中水系统建设;要加强对城市污水处理设施和回用设施运营的监督管理。为提高城市污水的回用率,该通知提出要健全机制,加快水价改革步伐。

(2)《国务院办公厅关于推进水价改革促进节约用水保护水资源的通知》提出,地下水严重超采的地区应促进再生水的利用,合理确定再生水价格;缺水地区要积极创造条件使用再生水,加强水质监测与信息发布,确保再生水使用安全;对再生水生产用电提供电价及税收等优惠政策,并应通过相关法规扩大再生水使用范围,强制部分行业使用再生水。

(3)《国务院关于加快发展循环经济的若干意见》提出,发展循环经济的重点工作和重点环节包括加快再生水利用设施建设、资源化利用;并提出利用价格杠杆促进循环经济发展,合理确定再生水价格,制定支持循环经济发展的财税和收费政策;继续完善资源综合利用的税收优惠政策,调整和完善有利于促进再生资源回收利用的税收政策。

(4)《关于加快水利改革发展的决定》第十二条提出,大力推进污水处理回用,积极开展海水淡化和综合利用,高度重视雨水、微咸水利用。

(5)《国务院关于实行最严格水资源管理制度的意见》明确提出，鼓励并积极发展污水处理回用、雨水和微咸水开发利用、海水淡化和直接利用等非常规水源开发利用；加快城市污水处理回用管网建设，逐步提高城市污水处理回用比例；非常规水源开发利用纳入水资源统一配置。

(6)《关于加快推进生态文明建设的意见》第十三条提出，积极开发利用再生水、矿井水、空中云水、海水等非常规水源。

(7)《水污染防治行动计划》第二条提出，除干旱地区外，城镇新区建设均实行雨污分流，有条件的地区要推进初期雨水收集、处理和资源化利用。第七条提出，促进再生水利用，以缺水及水污染严重地区城市为重点，完善再生水利用设施，工业生产、城市绿化、道路清扫、车辆冲洗、建筑施工以及生态景观等用水，要优先使用再生水；推进高速公路服务区污水处理和利用。具备使用再生水条件但未充分利用的钢铁、火电、化工、制浆造纸、印染等项目，不得批准其新增取水许可；自 2018 年起，单体建筑面积超过 2 万 m^2 的新建公共建筑，北京市 2 万 m^2、天津市 5 万 m^2、河北省 10 万 m^2 以上集中新建的保障性住房，应安装建筑中水设施。积极推动其他新建住房安装建筑中水设施。到 2020 年，缺水城市再生水利用率达到 20％以上，京津冀区域达到 30％以上。第九条提出，再生水、雨水和微咸水等非常规水源纳入水资源统一配置。第十一条提出，推广示范适用技术，加快技术成果推广应用，重点推广饮用水净化、节水、水污染治理及循环利用、城市雨水收集利用、再生水安全回用、水生态修复、畜禽养殖污染防治等适用技术。

(8)《关于建立资源环境承载能力监测预警长效机制的若干意见》在水资源管控措施中提出，对水资源超载地区，加大节水和非常规水源利用力度，优化调整产业结构。

中共中央和国务院政策性文件关于再生水开发利用相关内容总结见表 3-1。

表 3 - 1　　　　中共中央和国务院政策性文件关于再生水

开发利用相关内容总结

中共中央和国务院文件	对再生水开发利用的要求
《国务院关于加强城市供水节水和水污染防治工作的通知》（国发〔2000〕36 号）	大力提倡城市污水回用等非传统水资源的开发利用，并建议把其纳入水资源的统一管理和调配。要求缺水地区在规划建设城市污水处理设施时，还要同时安排污水回用设施的建设；城市大型公共建筑和公共供水管网覆盖范围外的自备水源单位，都应当建立中水系统，并在试点基础上逐步扩大居住小区中水系统建设；要加强对城市污水处理设施和回用设施运营的监督管理。为提高城市污水的回用率，该通知提出要健全机制，加快水价改革步伐
《国务院办公厅关于推进水价改革促进节约用水保护水资源的通知》（国办发〔2004〕36 号）	地下水严重超采的地区应促进再生水的利用，合理确定再生水价格。缺水地区要积极创造条件使用再生水，加强水质监测与信息发布，确保再生水使用安全。对再生水生产用电提供电价及税收等优惠政策，并应通过相关法规扩大再生水使用范围，强制部分行业使用再生水
《国务院关于加快发展循环经济的若干意见》（国发〔2005〕22 号）	发展循环经济的重点工作和重点环节包括加快再生水利用设施建设、资源化利用；并提出利用价格杠杆促进循环经济发展，合理确定再生水价格，制定支持循环经济发展的财税和收费政策。继续完善资源综合利用的税收优惠政策，调整和完善有利于促进再生资源回收利用的税收政策
《关于加快水利改革发展的决定》（中发〔2011〕1 号）	大力推进污水处理回用，积极开展海水淡化和综合利用，高度重视雨水、微咸水利用
《国务院关于实行最严格水资源管理制度的意见》（国发〔2012〕3 号）	鼓励并积极发展污水处理回用、雨水和微咸水开发利用、海水淡化和直接利用等非常规水源开发利用。非常规水源开发利用纳入水资源统一配置
《关于加快推进生态文明建设的意见》（中发〔2015〕12 号）	积极开发利用再生水、矿井水、空中云水、海水等非常规水源
《国务院关于印发水污染防治行动计划的通知》（国发〔2015〕17 号）	将再生水、雨水和微咸水等非常规水源纳入水资源统一配置

续表

中共中央和国务院文件	对再生水开发利用的要求
《关于建立资源环境承载能力监测预警长效机制的若干意见》（厅字〔2017〕25号）	对水资源超载地区，暂停审批建设项目新增取水许可；对临界超载地区，暂停审批高耗水项目，严格管控用水总量，加大节水和非常规水源利用力度，优化调整产业结构；对不超载地区，严格控制水资源消耗总量和强度，强化水资源保护和入河排污监管

（二）相关部委推进再生水利用的政策性文件

2002 年，建设部出台的《促进市政公用事业市场化改革的意见》提出，鼓励社会资金采取独资、合资、合作等多种形式，参与市政公用设施的建设；对供水、供气、供热、污水处理、垃圾处理等经营性市政公用设施的建设，应公开向社会招标选择投资主体；允许跨地区、跨行业参与市政公用企业经营。

2006 年，建设部、科学技术部印发《城市污水再生利用技术政策》，提出"2010 年北方缺水城市的再生水直接利用率达到城市污水排放量的 10%～15%，南方沿海缺水城市达到 5%～10%；2015 年北方地区缺水城市达到 20%～25%，南方沿海缺水城市达到 10%～15%，其他地区城市也应开展此项工作，并逐年提高利用率"。

2008 年，财政部发布《对再生水等实行免征增值税政策通知》，对再生水生产、经营企业免征增值税。

2015 年，财政部、住房和城乡建设部联合发布的《关于市政公用领域开展政府和社会资本合作项目推介工作的通知》，要求"在城市供水、污水处理、垃圾处理、供热、供气、道路桥梁、公共交通基础设施、公共停车场、地下综合管廊等市政公用领域开展政府和社会资本合作（PPP）项目推介工作"。

2015 年，国家发展和改革委、财政部、水利部提出《关于鼓励和引导社会资本参与重大水利工程建设运营的实施意见》提出，鼓励统筹城乡供水，实行水源工程、供水排水、污水处理、中水回用等一体化建设运营。

2015 年，财政部、环境保护部联合印发的《关于推进水污染防治领域政府和社会资本合作的实施意见》，对水污染防治领域政府和社会资本合作（PPP）项目操作流程做出明确规范，提出了完善制度规范、优化机制设计、转变供给方式、改进管理模式、推进水污染防治、提高水环境质量的总体目标，以及存量为主、因地制宜、突出重点三大原则。要求水污染防治领域推广运用 PPP 模式，以价费机制透明合理、现金流支撑能力相对较强的存量项目为主，适当兼顾部分新建项目，充分考虑不同地区、不同流域和湖泊、不同领域项目特点，对纳入国家重点支持江河湖泊动态名录或水污染防治专项资金等相关资金支持的地区，采取差异化的合作模式与推进策略，率先推进 PPP 模式。

2016 年，国家发展和改革委、水利部、住房和城乡建设部联合印发了《水利改革发展"十三五"规划》，鼓励非常规水源利用，加大雨洪资源、海水、再生水、矿井水、微咸水等开发利用力度，把非常规水源纳入区域水资源统一配置；以缺水及水污染严重地区为重点，加快建设再生水利用设施，工业生产、城市绿化、生态景观等优先使用再生水；还要求加快污水再生利用设施建设，以缺水及水污染严重地区城市为重点，加快建设污水再生利用设施，按照"优水优用，就近利用"的原则，在工业生产、城市绿化、道路清扫、车辆冲洗、建筑施工及生态景观等领域优先使用污水再生水。到 2020 年，缺水城市再生水利用率达到 20％以上，京津冀地区达到 30％以上。

2017 年，水利部印发的《关于非常规水源纳入水资源统一配置的指导意见》提出了非常规水源配置量目标，"到 2020 年，全国非常规水源配置量力争超过 100 亿 m³（不含海水直接利用量，下同），京津冀地区非常规水源配置量超过 20 亿 m³。缺水地区和地下水超采区非常规水源的配置规模明显提高"。

2019 年，国家发展和改革委、水利部联合印发《国家节水行动方案》，要求在缺水地区加强非常规水利用，到 2020 年，缺水城市再生水利用率达到 20％以上；到 2022 年，缺水城市非常规水利用占比平均提高 2 个百分点。

二、主要政策措施梳理

我国再生水利用经过 30 多年发展，已初步形成了包括价格政策、财税政策、投资政策、优惠扶持政策等在内的较完整的城市再生水利用支持政策体系。

（一）价格政策

国家及地方的一些规范性文件中体现了再生水有偿使用、再生水计量收费、再生水定价、再生水的成本补偿与激励等方面政策。据不完全统计，中央与地方政府共有 45 部政策法规相关条文涉及这方面内容。

在国家层面，建设部《关于落实〈国务院关于印发节能减排综合性工作方案的通知〉的实施方案》，要求配合国家发展和改革委等部门制定再生水开发利用支持性价格政策。

在地方层面，四川省与浙江省宁波和云南省昆明市明确了再生水实行计量收费制度。北京市明确了再生水价格由市价格行政主管部门会同有关部门制定并公布。绵阳市 2009 年发布了《绵阳市中心城市再生水价格管理指导意见（暂行）》，明确了再生水价格管理的总原则、价格构成、价格确定与价格调整原则及调整程序以及再生水水费的收缴、使用管理与监督。

（二）财税政策

1. 国家层面

2008 年，财政部、国家税务总局发布了《关于资源综合利用及其他产品增值税政策的通知》，对销售符合水利部《再生水水质标准》（SL 368—2006）规定的再生水实行免征增值税政策，首次针对再生水提出明确的财政扶持政策。

2. 地方层面

四川省提出，对再生水用户与生产企业实行价格优惠政策与扶持性财税政策。新疆维吾尔自治区要求对再生水价格给予财税政策支持，科学定价。湖北省要求通过财政支持、税收优惠、差别价格和信贷等政策，鼓励开发和利用再生水，对再生水利用示范项目给予必要的补助。南京市要求落实相关税收政策，鼓励使用再生水等污水资源。

（三）投资政策

主要从鼓励投资建设、明确筹资来源及方式等方面对再生水利用进行规范。

1. 明确筹资来源

《宁波市城市排水和再生水利用条例》规定，市和县（市）、区人民政府应当加大对城市再生水利用设施建设的公共财政投入。《南昌市城市供水和节约用水管理条例》规定，鼓励单位和个人对再生水投资建设与经营。《昆明市城市节约用水管理条例》规定，鼓励单位和个人以独资、合资、合作等方式建设再生水利用设施和从事再生水经营活动。《西安市城市污水处理和再生水利用条例》规定，市、区、县人民政府应当加大公共财政的投入，加快城市污水处理和再生水利用公共管网的建设；鼓励发展城市再生水利用产业，引导社会投资再生水利用项目。《呼和浩特市再生水利用管理条例》规定，市、旗县区人民政府应当将再生水利用设施建设资金列入财政预算，推进再生水利用公共管网及其他设施的投资建设，保障再生水的利用。《青岛市城市再生水利用管理办法》规定，政府按规定安排资金，专项用于再生水利用技术研究、开发、应用、奖励和再生水利用设施建设。《山东省人民政府关于实施"两湖一河"碧水行动计划的意见》提出，积极向国家争取资金用于中水回

用设施建设。

2. 明确筹资方式

《天津市城市排水和再生水利用管理条例》规定，鼓励以多种投资方式建设、经营城市排水和再生水利用设施，推进城市污水处理和再生水利用的产业化。《江苏省人民政府关于印发推进环境保护工作若干政策措施的通知》提出，鼓励用污水（中水）收费许可质押贷款筹资。《浙江省循环经济发展专项资金管理暂行办法》规定，列入"991行动计划"重点项目的中水利用、列入重大循环经济科技开发和应用推广类的再生水利用技术，可以使用省循环经济专项资金。《合肥市再生水利用管理办法》规定，鼓励和引导社会资本参与再生水利用设施的投资、建设和运营，市、县（市）、区人民政府可以通过授予经营、缺口补助等方式予以支持。

（四）优惠扶持政策

1. 对再生水生产用电实行优惠电价，不执行峰谷电价政策

2004年国务院颁布《关于推进水价改革促进节约用水保护水资源的通知》（国办发〔2004〕36号）明确提出，"对再生水生产用电实行优惠电价，不执行峰谷电价政策，免征水资源费和其他附加费用。"为鼓励再生水利用，河北、江苏、重庆、天津等地明确了对再生水生产用电实行优惠电价的政策。

《河北省城市污水处理费收费管理办法》规定："对再生水生产和污水处理用电实行优惠，可不执行峰谷分时电价。"

《江苏省政府办公厅关于转发省物价局江苏省"十一五"水价改革意见的通知》（苏政办发〔2006〕146号）规定："对再生水利用实行用电优惠。"

《重庆市关于推进水价改革促进节约用水保护水资源的实施意见》（渝府发〔2005〕116号）规定："对再生水生产企业实行优惠电价，不执行峰谷电价政策，免征水资源费和城市公用事业附加费。"

天津市电力公司确定，再生水厂生产用电价格按目前天津市自来水厂生产用电电价政策执行。

2. 使用再生水免缴水资源费、污水处理费、城市公用事业附加

天津市对使用再生水免征水资源费和城市公用事业附加。天津开发区管委会规定凡是污水排放达到国家二级标准和进行再生水利用的单位，均可免缴污水处理费。

江苏省为积极推广再生水使用，对直接使用再生水的用户，免征水资源费和城市公用事业附加费；对市政绿化及景观使用再生水的，免征污水处理费。

重庆市《关于推进水价改革促进节约用水保护水资源的实施意见》提出，对再生水生产企业实行优惠电价，不执行峰谷电价政策，免征水资源费和城市公用事业附加费。

深圳市《关于加强雨水和再生水资源开发利用工作意见》提出，用户使用城市雨水和再生水系统的，将免收污水处理费、水资源费。

3. 对再生水用户提供优惠水价

乌鲁木齐市为了鼓励热电厂多用再生水，规定对市热电厂热电联产项目使用中水执行优惠价格，项目建成投产并取得经营权之后的5年内取用中水价格为 0.3 元/m³。取用中水每天超过 5 万～10 万 t 部分的中水价格为 0.25 元/m³，取用中水超过 10 万 t 部分的中水价格为 0.2 元/m³。

深圳市对使用再生水的用户，3 年内的再生水水费予以减半收取。

4. 设施建设及运行给予财政资金补助

昆明市出台了《昆明市城市再生水利用专项资金补助实施办法》，明确在市级财政建立再生水利用专项资金。对原已建成项目在 2009 年内补建再生水利用设施的单位，给予建设单位再生水利用设施建设 30% 以内的资金补助，对居民住宅小区补建或采取拼户、

拼区、拼院方式建设的，给予再生水利用设施投资主体建设投资 40％以内的资金补助。此外，昆明市还从 2009 年 4 月 1 日起，对各单位和住宅小区建成并正常使用的再生水利用设施，在按月抽检水质并达标前提下，按实际处理使用的再生水水量给予再生水利用设施管理单位 0.7 元/m³ 的再生水利用资金补助。

第二节　现行政策措施存在的主要问题

一、再生水利用相关投入政策不完善

（1）政府对再生水厂与管网建设投入明显不足，直接导致再生水利用设施建设滞后。再生水利用工程具有前期投入大、资金回收期长、公益性较强、利润微薄等特点。考虑到我国区域经济水平差异大，多数中西部缺水城市的再生水利用设施建设的投入更低。

（2）融资渠道比较单一，社会资本融资的积极性不高。城市污水处理设施及配套管网的建设资金大、投资回收慢，是现阶段城市再生水利用发展面临的一大难题。由于城市再生水利用相对于城市供水更具有很强的公益性，所以政府和公共财政应发挥的作用要远远大于供水领域，这种作用应更多体现在政府加大投资建设再生水利用设施以及制定吸引和鼓励私人部门参与建设的优惠扶持政策等方面。

但从目前各地城市再生水利用设施资金筹措现状看，由于缺乏多元化的投资渠道和吸引社会资本投资的激励性措施，外资和民营资本投资出现瓶颈效应，也抑制了社会资本参与城市再生水利用项目的积极性。融资能力不足问题仍制约着城市再生水利用设施建设的发展。

二、再生水价格政策不明确

（1）缺乏再生水水价的定价政策。我国很多城市已经开展了再生水利用，却没有明确的再生水价格政策。对于再生水应该如何定位，是商品水还是公益性供水，政策定位比较模糊。普遍没有制定再生水价格的管理办法或出台政策文件。分质供水、分质定价的再生水价格体系没有形成，不利于调动再生水生产企业的积极性，在一定程度上也限制了再生水利用的发展。

（2）再生水与自来水没有形成合理的价差。目前我国的再生水水价总体并不高。就工业使用再生水的价格而言，北京、大同等 6 个城市的再生水价格高于 1 元/m³，其他市县均在 1 元/m³ 左右甚至更低。但由于我国城市自来水的水价也较低，再生水的价格优势难以显现，造成用户没有使用再生水的积极性，工厂企业宁可使用物美价廉的自来水而不愿意使用再生水，不利于再生水市场培育，影响了再生水的利用。

三、优惠与激励政策不健全

为了推动城市再生水利用事业的发展，国家和地方相继出台实施了一系列鼓励、优惠政策。但目前实施的城市再生水利用优惠政策比较原则，缺乏具体政策措施，可操作性弱；优惠扶持政策的受益范围也较小，尤其是再生水使用的电价优惠政策、免征水资源费和污水处理费等政策只在极个别省份实施；缺乏强制性执行的政策等，这些问题不仅削弱了政策的执行效果，同时也影响了城市再生水利用事业的发展。主要表现在以下几方面：

（1）产业发展政策过于宏观，没有详细的配套措施出台。我国现行涉及"再生水"或"污水回用"的规范性文件均较为原则，可操作性和可执行性不强。国家和地方政府制定的相关政策、法规，对于污水回用，从内容上看均是以"鼓励"为主，但对如何鼓励并没有具体措施。例如，《城市污水再生利用政策》《中国节水技术政策》等政策中都明确了再生水利用的保障措施，但所提出的措施都较为宏观，没有详细的实施细则，在实际执行中可操作性不强。

《中国节水技术政策》中提出"发展污水集中处理再生利用技术。鼓励缺水城市污水集中处理厂采用再生水利用技术"。但如何鼓励、采取何种鼓励措施并没有详细的措施。

（2）缺乏约束性措施或制定相应的处罚性措施。对一些"要求"性的政策措施，没有提出如果不能达到要求所采取强制措施。多数规范性法律文件虽规定应当使用再生水，应当配套中水设施，但是对违反上述规定并未制定罚则，或虽制定了罚则，但普遍处罚较轻。

（3）减免有关规费的政策没有明确执行方式。国家及地方出台了一些鼓励、优惠的政策，往往仅简单指出要鼓励使用再生水，而没有明确执行方式，可操作性不强，从而使相应的税费减免、电价优惠政策在实际执行中难以落实到位，实际效果不理想。例如，2004年《国务院办公厅关于推进水价改革促进节约用水保护水资源的通知》规定，对再生水生产用电实行优惠电价，不执行峰谷电价政策，免征水资源费和其他附加费用。《城市污水再生利用政策》规定："国家鼓励发展城市污水再生利用产业。再生水生产和利用企业享受国家有关优惠政策。对开发、研制、生产和使用列入国家鼓励发展的再生水利用技术、设备目录的单位，按国家有关规定给予税费减免等政策性优惠支持，再生水生产和运营企业在初期运营亏损时可给予适当的运营资金补偿。"但并没有税费减免的具体措施，也没有明确再生水厂和运营企业在何种运营亏损时可获得补偿，适当的补偿标准是多少。这样的条款在类似的法规文件中有很多。《财政部 国家税务总局关于资源综合利用及其他产品增值税政策的通知》中规定：对销售符合水利部《再生水水质标准》的实行免征增值税政策。从调研情况看，国家对使用再生水提出的用电优惠政策以及税费减免政策实际执行效果不理想。再生水厂普遍执行工业用电电价，并没有享受优惠电价的鼓励政策。而且，由于目前多数再生水厂建在电厂内，并非是一个独立水厂，难以享受到免征增值税的优惠政策。这就造成再生水厂的运行成本较高，再生水运行成本平均为 1.4～2.5 元/m^3，而再生水平均价格为 1 元/m^3 左右，成本倒挂严重，很多再生水生产企业由于缺乏政府财政补贴，"开机运行即亏损"。为了减少损失，企业宁可不生产。这也使得我国再生水的生产能力比较高，而实际生产、利用的能力却并不高。

四、再生水利用规划配置政策仍不完善

2017 年，水利部印发《关于非常规水源纳入水资源统一配置的指导意见》，对再生水纳入水资源统一配置提出政策要求。客观来看，由于相关政策衔接和各地配套政策力度不一等因素制约，再生水纳入水资源统一配置仍面临一些制约。目前除了北京等少数地区，绝大多数城市缺乏水资源综合利用的统筹，没有将再生水使用量纳入城市水资源配置体系，没有将再生水管网设施划归市政基础设施或水利基础设施。在当地的水资源综合规划或水利基础设施建设等相关规划中不能体现再生水开发利用的内容，不利于再生水厂及管网的建设，影响再生水的推广使用。

五、再生水利用管理职能界定缺乏科学的政策定位

中央与地方政府在城市再生水利用的管理职能分工上存在显著差异，影响全国统筹指导再生水利用的成效。

一方面，国家层面上"由水利部行使城市污水处理回用的指导职能"，与地方层面"由地方人民政府自行决定城市污水处理回用等城市涉水事务的管理体制"之间的关系尚未理顺。2008 年首次在中央部门确立了由水利部负责指导城市污水处理回用的工作，并在 2018 年机构改革过程中得以延续，但"三定"同时规定由城市人民政府确定供水、节水、排水、污水处理方面的管理体制，国务院各相关部门根据所承担的职责负责业务上的指导，由此也带来地方层面城市再生水利用管理体制难以理顺。各地在实践中，由于经济条件与水资源禀赋条件差异很大，大多数城市的再生水利用仍然归口

城建部门或生态环境部门管理。

另一方面，在成立了水务局的一些市县，有的职能调整只有少部分落实，再生水利用的职能更是难以调整到位。相当一部分城市限于自身发展实际和水服务机构的运营现状，并没有将再生水利用的职能纳入水务局的职权范围。也有一些城市，虽然再生水利用的职能调整到位，但只是管理权限做了转移，在运营层面上再生水利用的相关事务仍停留在原来的工作状态。

六、对再生水技术研发、创新与推广的政策激励不足

目前对污水处理厂出水进行深度处理的再生水生产工艺包括"老三段""膜处理"等多种。20 世纪 90 年代以来，我国不断探索污水深度处理关键技术，并在工艺设计与设施国产化方面做出了不懈努力，取得了一些突破性成果，与国外整体差距并不大。但由于国内设备品种不全、结构不合理、产品质量不稳定等，其关键设备、关键部件主要依靠进口，一些核心技术还未掌握。国产化设备的质量、正常运行率、使用年限等还未达到世界先进水平，自主技术和产业发展形势仍十分严峻。

再生水利用在未来将形成一个很大的市场，国内如不能掌握关键技术，将难以在市场上赢得一席之地，不利于我国再生水利用产业良性发展。但当前对再生水利用的技术研发、创新与推广，仍缺乏有效的扶持政策，对技术创新与应用激励不足，制约了设备国产化发展，成为亟待解决的问题。

第三节　完善再生水利用政策的措施建议

一、健全以公共财政为主导的再生水利用多元化投入政策

再生水利用设施及管网属于基础设施范畴，其建设投入应以政

府投入为主，辅以金融及其他社会资金，建立稳定规范的多层次、多渠道、多元化投入机制。

（一）建立多层次、多渠道、多元化再生水利用资金投入机制

加快再生水利用设施与管网建设步伐，关键在于拓宽投入渠道，切实增加投入。

（1）加大公共财政对再生水利用设施及管网建设的投入，充分发挥政府在再生水利用设施及管网建设中的主导作用。各级财政对再生水利用的投入总量和增幅应有明显提高；进一步增加再生水利用设施及管网建设资金在国家固定资产投资中的比重；设立中央和地方财政再生水利用建设专项资金；资金投向向中西部地区、贫困地区、缺水地区倾斜。

（2）加强对水利建设的金融支持。综合运用财政和货币政策，引导金融机构增加水利信贷资金；鼓励国家开发银行等银行业金融机构进一步增加对再生水利用设施及管网建设的信贷资金；支持符合条件的再生水生产企业上市和发行债券；积极开展再生水利用项目收益权质押贷款等多种形式融资；提高利用外资的规模和质量。

（3）广泛吸引社会资金投资水利。鼓励符合条件的地方政府融资平台公司通过直接、间接融资方式，拓宽再生水利用设施及管网建设投融资渠道，吸引社会资金参与再生水利用建设；在统一规划基础上，按照"多筹多补、多干多补"的原则，补助与奖励结合，加大财政奖补力度，充分调动社会各方面参与再生水利用建设的积极性。

（二）完善再生水厂设施建设投入机制

对于再生水厂设施建设，可以针对不同类型，采取不同的投入方式。对于纯公益性集中式再生水厂，其投入应为公共财政，并以地方财政为主，辅以其他投入形式；对分散式兼有经营性质的再生水厂，按照"谁投资、谁受益"的原则，其投入应以利益相关的社会主体为主，鼓励引导国内外具有先进技术、资金实力和管理经验的投资者以独资、合资等多种形式参与建设，政府适当进行补助或奖励，逐步形成政府主导、社会筹资、市场运行、企业开发的良性运行机制，充分发挥市场机制在再生水利用设施建设与运行中的作用。

（三）完善再生水利用管网建设投入机制

对于再生水利用管网建设，亦应区分不同类型，采取适当的投入方式。对于公益性为主的干线配套管网，其规模和投入巨大，应以政府投入为主，中央财政和地方财政区别不同地区按一定比例共同承担；对于那些与具有经营性质的分散式再生水厂配套的、规模相对较小的局域管网，同样按照"谁投资、谁受益"的原则，其投入可以以利益相关的社会主体为主，鼓励引导国内外具有先进技术、资金实力和管理经验的投资者以独资、合资等多种形式参与建设，政府适当进行补助或奖励，逐步形成政府主导、社会筹资、市场运行、企业开发的良性运行机制。

二、完善再生水价格政策

进入新世纪，我国已逐步确立了社会主义市场经济体制，价格机制对于资源配置的基础性作用日益提升。再生水作为重要的替代水源，具有资源性产品的一般特征和作为非传统水资源的特殊性，加之在很多城市再生水属于新鲜事物，需要从起步阶段就明确再生水价格政策，以引导开发利用行为。

（一）执行再生水"低价策略"

再生水与传统水资源一样，作为重要的战略资源，应当由政府主导其定价权，实行政府定价，即由政府价格主管部门与水行政主管部门参考再生水生产成本与费用制定再生水价格。但是，考虑到再生水利用尚处于起步阶段，国家需要通过多种组合手段鼓励再生水利用，在价格领域应当刺激企业多生产、用户多使用，确保生产企业能够实现"保本微利"的简单再生产，用水户负担的用水成本少。需要中央财政和地方财政给予适当补贴，实行"先定价、再补贴"的定价思路。同时，对再生水生产可不计利润，对再生水生产企业继续实行优惠税率。

（二）合理确定再生水与自来水的比价关系

水资源的比价关系主要是指将水作为一种商品供给时，不同类型供用水价格的比例关系。已经或计划使用再生水的城市应尽快合理确定再生水与自来水的价格关系，建议根据各地水资源稀缺程度和供需缺口，综合考虑本地经济发展水平和再生水利用水平，研究确定再生水与自来水的比价关系。参考国外发展经验，建议对于水资源相对较丰沛、用水缺口不大、再生水利用刚起步的城市，再生水价格与自来水价格宜保持明显的价差，以有效发挥价格杠杆对再生水市场培育的促进作用；而对于缺水严重、用水需求大、再生水利用已经达到一定阶段的城市（如北京），再生水价格可根据实际情况与自来水价格保持适当的价差，保持再生水市场的稳步发展。

（三）逐步建立再生水与自来水的价格联动机制

为确保再生水对自来水具有稳定的替代效应，同时也为了确保再生水生产企业效益，应逐步建立再生水与自来水的价格联动机制。一是制定阈值。各城市根据自身条件研究制定自来水价格浮动阈值，当自来水终端价格变化超过阈值时，启动再生水调价机制，具体浮动比例由各地研究确定。二是依法听证。对于上调居民用再生水价格应依法召开听证会，并针对中低收入居民采取适当的保障措施。三是明确周期。确定再生水与自来水价格联动周期。价格联动以不少于 1 年为一个联动周期。若周期内自来水终端价格变化达到或超过 10％后，相应调整再生水水价；如本周期内自来水终端价格变动未达到 10％，则下一周期累计计算，直到累计变化幅度达到

或超过 10％，进行再生水水价的调整。

（四）逐步提升自来水价格水平

自来水与再生水在价格上存在一定的比例关系与差异空间。偏低的自来水价格，造成再生水价格难以提升，无法弥补再生水生产成本。因此，有必要逐步、稳健提升自来水价格水平。一是进一步明确水价成本构成，清查、取消水价核定中不合理的供水成本，适时推进全成本水价核定；二是确定合理的供水投资回报率和供水企业净资产利润率，解决闲置资产折旧和投资失误而产生的成本问题；三是加大污水处理费征收力度，对仍未开征污水处理费的城市应限期开征，对已开征的城市应逐步提高征收标准；四是强化水资源费的征收与管理，提高地下水资源费标准，全面促进水资源的合理配置。

三、建立促进再生水利用的财政扶持政策体系

为加快发展再生水利用，国家应对再生水利用设施及管网的建设和运营给予必要的投入、鼓励和扶持，给予再生水生产企业和再生水用户鼓励和扶持。建立再生水利用设施与管网建设"以奖代补"制度，逐步形成财政补助同再生水用量、再生水利用率挂钩的长效激励机制。在再生水利用项目的税费、电价、用地等方面给予优惠政策。对销售符合再生水水质标准的再生水生产企业以及建在厂内的再生水生产企业实行免征增值税政策。再生水利用设施用电应实行优惠电价。对于提供农业灌溉、市政杂用、生态、景观用水的再生水生产企业应给予一定的财政补贴。对再生水用户实行减免水资源费、污水处理费等附加规费的优惠政策。

（一）制定并实施再生水利用设施与管网建设"以奖代补"政策

再生水利用设施与管网建设属于公共基础设施建设范畴，由于其建设投入大、见效慢、投资回收期长，一般社会资金不愿进行投入，因此应加大中央财政和地方财政支持力度。"以奖代补"是相

对财政主要投入的一种奖励补助手段，因其以奖励的形式给予补助，可调动地方对再生水利用设施与管网建设的积极性，拓展和提高社会的参与范围及程度，促进再生水利用设施与管网建设稳步健康的发展。

应把再生水利用设施与管网建设投入纳入各级财政年度预算。以建立中央再生水利用设施与管网建设"以奖代补"专项资金为突破口，引导、督促地方政府建立再生水利用设施与管网建设专项资金，逐年增加资金规模，扩大扶持范围，加大奖补力度，以此吸引更多的社会资金参与，逐步建立起以公共财政投入为主导，多渠道、多层次、多元化投入机制，尽快形成稳定增长的再生水利用设施与管网建设投入长效机制。

本着鼓励快建、多建并早日投入使用的原则，再生水利用设施与管网建设专项资金采取"以奖代补"方式进行分配。多完成多奖励，少完成少奖励，不完成不奖励。基于有限的中央财政再生水利用设施与管网建设"以奖代补"专项资金以及奖补政策的目的，应结合当地经济发展水平及水资源条件，区别丰水地区与缺水地区、经济发达地区与欠发达地区，对专项资金进行差异性安排，奖补重点是缺水地区和经济欠发达地区，适当兼顾东部或经济发达地区。

再生水利用设施与管网建设"以奖代补"的奖励范围为已建集中式或分散式再生水厂以及与集中式再生水厂配套的干线管网项目，补助范围主要是纳入全国或地方城镇再生水利用设施及管网建设规划的再生水利用设施及配套管网项目。具体补助对象和范围，由地方财政部门会同相关部门根据国家有关政策确定，并通过年度"以奖代补"资金实施方案发布。地方财政部门与相关部门可根据实际情况，确定本地区的补助对象和建设内容。

奖励资金根据各地上一年度实际新增管网建设长度、新增再生水处理量及主要污染物减排任务完成情况等计算。奖励资金分配后，年度专项资金若有余额，再按规划按因素法计算分配补助资金。东部地区只分配奖励资金，不分配补助资金。补助资金分配按"十四五"国家规划再生水利用管网建设长度、新增再生水处理能力两个因素分配。

中央财政按规定范围、标准，通过转移支付方式下拨专项资金，将专项资金奖励补助到省级财政部门。地方财政部门会同相关部门进行专项资金奖励、补助，具体项目由各地确定。地方财政部门要将专项资金纳入地方同级财政预算管理。地方财政部门应会同相关部门积极筹措配套建设资金，建立健全地方政府对再生水利用设施与管网建设资金投入的长效机制。

（二）制定并实施再生水生产企业及再生水用户税费等相关规费减免优惠政策

按照我国的税收政策，行使公益性职能的单位，一般不会直接向受益者收费，因而也就没有收入，不具备税收调节的物质基础。从基础设施和公益性用途出发，再生水生产企业的售水价格普遍低于其供水成本。因此，国家对销售符合再生水水质标准的再生水生产企业以及建在厂内的再生水生产企业实行免征增值税政策；对公益性较强的再生水生产企业实行免税，而对于具有一定经营性的再生水生产企业，应明确合理的税收项目，免除不合理的税收。同时，税费的征收与减免应与地区经济发展水平相适应。对于东、中、西部三个地区，西部地区经济发展水平最低，相应的税费负担也应最少。

此外，对于再生水用户，建议有关政府部门对相应收费应视情况减免水资源费、城市公用事业附加费等附加规费。水利部门要免收水资源费，卫生健康部门要优惠或减免水质检测费，生态环境部门要免收企业的污水处理费。

（三）制定并实施再生水生产企业电价优惠政策

从基础设施和公益性用途出发，应对再生水生产企业实行电价优惠政策。如针对不同类型、不同经济发展水平地区的再生水生产企业，实行差别电价政策。对于经济发达地区或具有一定经营性的再生水生产企业，可执行低于工业电价的优惠电价；对于经济欠发达地区或公益性成分较大的再生水生产企业，应实行更优惠的公益性设施用电价格。

（四）制定并实施再生水生产企业用地优惠政策

从基础设施和公益性用途出发，再生水利用设施及管网建设用地应享受优惠政策。如对于再生水利用设施及管网建设所征用的土地，免收新增建设用地土地有偿使用费。一定区域外的土地征用，免交土地出让价款，或工业用地出让最低价可按所在地土地等级，对应《全国工业土地出让最低价标准》的一定比例执行等。

四、完善将再生水利用纳入水资源统一规划配置的政策

再生水作为自来水重要的替代水源，为了实现水资源优化配置功能，应该将再生水利用规划与其他相关规划相统一，与地表水、地下水等传统水资源统一配置、统一调度、统筹使用，纳入水资源配置工程体系。

（一）健全规划衔接的政策

水利部门发挥牵头作用，会同各相关部门，以"非常规水源纳入水资源统一配置"为主要抓手，编制全国非常规水源利用推进方案，在充分掌握全国非常规水源利用现状水平基础上，统一工作思路，明确工作方向，细化具体措施。同时，要与住建部门、生态环境部门、卫生健康部门等就非常规水源利用生产和输配设施、运行管理、相关市政设施对接、水质标准、水质检测等做好沟通协调，形成统一的规划政策和标准规范。

推动地方节水部门完善非常规水源利用专项规划，明确设施数量、布局、建设要求、水质标准、应急管理等方面内容，注意统筹规划布局城市生产、生活、生态和废弃物处理空间，发展多种形式

的水循环利用措施。

再生水利用规划要提出再生水利用的发展分区，规范、引导各区域再生水的用途、使用范围和优先鼓励使用再生水的行业和领域。根据各地的水资源禀赋、社会经济发展水平等因素，对全国不同地区、不同阶段的再生水利用模式进行合理规划。对于急需再生水而且经济条件较好的地区，应优先强制开展再生水利用工作；对于急需再生水但自身尚不具备足够经济能力的地区，国家应大力支持其开展再生水利用；对于有潜在再生水需求且自身经济基础较好的地区，国家应通过政策引导其发展；对于水资源丰富的地区，可以根据当地的实际情况合理安排再生水利用。

（二）加快落实将再生水与地表水、地下水、外调水等进行统一配置和统一调度

再生水作为城市供水的补充水源，在一些城市已经成为重要的供水水源纳入水资源统一配置中，为缓解当地的水资源短缺发挥了重要的作用。要进一步加强再生水纳入水资源统一配置。开展水资源论证和取水许可审批时，应充分考虑再生水；对再生水水量、水质满足用水需求的，优先使用再生水；在地下水回灌、工业用水、农林牧业用水、城市非饮用水、景观环境用水等领域加大再生水使用比例，因地制宜，适度减少新鲜水用量，统筹城乡再生水生产与供应，实现区域范围内水资源循环利用。

（三）完善再生水利用示范工程建设

结合我国水资源分布和城市经济社会发展特点，选择有代表性的城市和项目，确定示范工程建设方案，以地方投入为主、中央水资源经费补贴的方式，推动地方开展城市再生水利用示范工程建设，并总结经验和做法，推动城市污水处理回用持续、健康发展。我国幅员辽阔，各地水资源状况不一，试点城市选择要充分兼顾地域和水资源条件，结合城市布局和周边环境特点，对黄淮海平原区、长三角、珠三角、云贵高原、西北内陆区、胶东半岛、东南沿海等地区按工程性、资源性和水质性缺水等分类进行选择。

示范工程要从建设模式（再生水厂、污水处理及回用一体化建设、小区中水回用），再生水利用对象（地下水回灌、工业用水、城市杂用水、农林业用水、景观用水等），投融资模式，运行管理模式等角度进行甄别和筛选，选择具有推广价值的项目，通过中央水资源经费补助方式，推动地方开展城市再生水利用工程建设，以点促面，充分发挥有关工程的示范作用，总结经验和做法，以便在"十四五"期间进一步推广。

五、进一步明晰再生水利用管理职能的政策定位

水是基础性的自然资源和战略性的经济资源，需要有稳定高效的管理体制，确保水资源配置效率与管理保护。为了实现这一目标，国家明确提出要大力推进城乡水务一体化，建立涵盖区域水资源供、用、节、排、处理、回用等各项涉水事务协调、统一的管理机制，由一个部门对区域水质和水量、调度与配置、利用与节约负责。再生水作为城市重要的替代水源，理应纳入城乡水务一体化管理，与地表水、地下水等统一调配、统筹使用。在城乡水务一体化大背景下，应进一步理顺中央与地方层面再生水利用的管理体制，明确再生水利用牵头单位，理顺相关部门间关系。

（一）进一步推进城乡水务管理体制改革

建立和完善与水务一体化相适应的上下对应、配套完善的水务管理机构，落实城市再生水利用管理部门的职能，并理顺水行政主管部门与其他相关管理部门之间的关系。

（1）中央层面。已经明确由水行政主管部门"指导城市污水处理回用非传统水资源的开发"，未来城市再生水利用将以水行政主管部门为主要推动力量，但也面临与城建、环保等主要涉水部门职能整合的问题。水行政主管部门应争取中央政府支持，积极推动出

61

台有利于再生水利用的政策和法规，并争取与其他涉水部门共同建立与再生水利用相适应的上下对应、配套完善的水务管理机构，对省和市县层面的水务管理给予指导。

（2）省级层面。省级层面面临与中央层面同样的一个难题，即水行政主管部门与其他涉水部门之间的职能界定和整合，需要省级政府的大力支持。各涉水部门（水利、城建、环保）之间亦应加强协调与合作，制定相应并完善本省再生水利用的规章和规范、技术标准和发展政策，切实加强省级层面对再生水利用的指导。

（3）地方层面。积极推行城乡水务一体化改革，保障落实城市再生水利用管理目标。尚未成立水务局的市县，应遵循自身发展实际，适时完成水务管理职能的转变。已经实行水务管理体制改革但管理和运营职能调整尚不到位的市县，应落实城市再生水的管理职能，理顺与传统涉水部门的关系，在资金、人员、运行等各方面加强沟通与协调，平稳转移各项管理职能。

（二）建立再生水利用的多部门综合协调机制

建立再生水利用协作联席会议制度和定期议事机制等形式的协商平台，协调解决再生水利用的重大问题。应当建立不同层面的水利、城建、环保等部门的联席会议制度，各级联席会议制度是一个上下衔接、密切联系的有机整体，从而建立再生水利用管理的有效协调机制。

六、建立完善的再生水利用技术集成与推广政策体系

建设大批的再生水厂需要大量的投资和高额运行费，部分已建成的再生水厂由于工艺技术和处理模式选择的不当以及技术运行经验的不足等因素，造成正常运行出现困难，阻碍了再生水利用的实际成效。因此，需要建立完善的再生水处理技术体系，加强相关技术工艺的研发、推广、示范的政策支持，促进再生水工艺技术的集

成化和标准化，为再生水利用发展提供可靠的技术支撑。

（一）加强技术研发政策支持，促进再生水工艺技术的集成化和标准化

随着再生水利用标准的制定和执行，以及再生水多用途利用的实际需求，今后城市再生水工艺及单元技术将逐渐向处理效能高、低碳环保、操作运行灵活、集成化方向发展。表现出从单元技术（如"BAF＋混凝沉淀＋加氯＋过滤"等）向多种技术集成（如"BAF＋混凝沉淀＋加氯＋过滤＋杀菌＋超滤＋反渗透＋混床"等）转变的特点。这就需要对已有技术不断改进和更新，加强新工艺、新流程、新技术和设备产品的研究、开发和推广应用，提高城市再生水技术及设备能力，促进技术集成体系的形成并建立标准化的技术体系，使各地能够迅速掌握。

在各类工艺技术中，应尤其加大膜处理工艺的研发和推广力度。膜处理工艺建设年代一般较晚，主要单元技术有微滤膜或超滤膜过滤、反渗透等，主要建在北京、天津、深圳等城市再生水工艺发展较早且经济发达的城市。膜处理工艺中，MBR（膜生物反应器）工艺多建于 2006 年以后，主要采用微滤膜过滤，以污水为水源，结合污水的活性污泥处理工艺对污水进行处理，出水可直接作为景观、工业等用水来源。

膜处理工艺占地少，处理水质较好，能满足多种用途，但吨水投资运行成本较高，还没有得到大规模应用。但膜工艺势必以其高效安全的特性，在城市再生水利用中得到较大范围应用。应当逐步加强对膜处理工艺的技术研发，解决膜污染和浓水带来的二次污染等问题，并建立完善的处理膜市场竞争体系，促进膜处理技术的逐步推广应用。

（二）健全再生水利用关键技术引进及国产化政策

再生水利用关键技术引进及其国产化包括科技研发、科技成果

转化、高新技术的引进和转化、科技成果的转化和应用、引进重大技术装备的创新消化、新技术新设备新材料的推广应用等多个方面，要解决好再生水利用关键技术引进及其国产化问题，最为关键的是要给予积极的行政支持和强有力的资金支持。

再生水利用关键技术引进及其国产化的管理涉及国家发展和改革委、财政部、水利部、生态环境部、工业和信息化部和科学技术部等多个部门，应明确相关部门在再生水利用关键技术引进及其国产化方面的职能和责权划分，建立各部门协作机制，编制并履行相应规划，制定并落实相关政策法规，确保再生水利用关键技术引进及其国产化的各项工作具备明确的责任主体、清晰的工作目标、足够的工作落实能力。

再生水利用技术与设备的研发和转化、引进和消化吸收除了依靠行政推动，还离不开资金支持，资金来源包括财政投资和相关企业投资两个途径。但由于再生水利用在我国尚属于起步阶段，再生水生产企业大多处于保本甚至亏本运行状态，再生水设备生产企业竞争力有限，国家财政投资应是资金投入的主要途径，建议制定出台相关的产业政策、科研政策、科技推广政策，予以大力扶持。

（三）完善再生水利用工程和工艺技术示范政策

我国不少城市已建立了有一定水平的再生水利用设施系统，但由于缺乏技术经验，对于实践利用中各种工艺的合理选择缺乏科学而系统的认识，常常带有盲目性，未达到预期的处理效果。有必要组织实施加强对各类再生水利用工艺和工程的示范，将典型地区取得的良好技术经验普及推广。

（四）建立完善的再生水利用技术培训体系政策

城市再生水工艺通常技术应用要求较高，要求精准的处理工艺，独立的配水系统，特殊的用户管道和闸门系统以及熟练的操作，而目前回用设施的管理人员普遍专业技术水平不达标，系统运行水平不高，出现问题不能及时解决，出水水质难以得到保证，水质水量常常发生较大的波动。为确保系统正常运行，再生水利用主管部门应建立完善的技术培训体系，定期对城市再生水的运行管理人员进行日常操作、水质化验、应急措施等培训，提高运行管理者技术素质。

第四章

再生水利用相关管理制度

再生水利用管理制度指再生水规划、配置、建设、运营、使用等各环节的管理规范和要求。我国在国家层面未出台专门的再生水利用法律法规，统一的管理制度尚不具备；从一些规范性文件和各地出台的地方性法规、规范中，可以总结出主要的管理制度，特别是对于日常的再生水建设、运行、使用等方面的制度规范，基本是具备的，也比较成熟。但从宏观和整体看，制度体系仍不健全，从促进再生水扩大利用、安全利用的角度出发，按照问题导向，本章将着重探讨再生水的规划制度、配置制度、价格制度、安全监管制度（涵盖建设、运行、使用各环节的监管）。

第一节　再生水利用规划制度

大力推进再生水利用发展，需要通过制定再生水规划，明确再生水利用发展的目标任务、重点领域和重点区域等，并确保与已有城市基础设施的衔接。因此，健全再生水利用规划制度，对于规范再生水利用规划制定和实施工作具有重要意义。

一、再生水利用规划制度现状

整体上看，国家层面尚未形成健全的再生水利用规划制度。

《水法》《水污染防治法》未对再生水利用规划的制定、审批、实施等管理事项做出规定，其他国务院法规也没有相关规定。地方层面上，部分地区出台的法规和规章做了规定，如《北京市排水和再生水管理办法》第六条规定："再生水规划应当包括现状分析、排水量预测、排水模式、污水处理原则、设施布局和规模、再生水利用目标、污泥处置和资源化等内容。再生水规划应当与国民经济和社会发展规划以及土地利用总体规划、城市总体规划、环境保护规划、水资源规划和防洪规划等相协调。"

地方层面，据不完全统计，全国共有 20 余个省（自治区、直辖市）的市县编制了与再生水利用相关的规划。2007 年无锡市率先出台了以城市污水再生利用为内容的《无锡市再生水利用规划》；淮安市于 2010 年出台了《淮安市再生水利用专项规划》；北京市出台了《北京市"十二五"时期排水与再生水利用规划》及《北京市进一步加快推进污水治理和再生水利用工作三年行动方案（2016 年 7 月至 2019 年 6 月）》；深圳市出台了《深圳市再生水布局规划》；西安市编制了《西安市城市污水再生利用规划》。但整体来看，出台再生水规划的地区仍是少数。

二、再生水利用规划制度存在的主要问题

（1）再生水规划编制、出台的规范要求不明确。由于缺乏相应的法律法规，对于再生水利用规划编制主体、规划层级体系、编制要求、报批和调整的程序等不明确。各地出台的再生水利用规划，指导性不足，对再生水发展重点把握不够，没有有效反映水资源禀赋、水资源需求等差异，对再生水利用发展总体目标、阶段性目标、发展重点领域和重点区域等不明确。

（2）再生水规划与相关规划不衔接。再生水设施建设用地没有预留、污水处理厂建设规模没有考虑再生水利用需求等问题也比较突出，容易形成"有再生水无用户，有用户无再生水"的不合理现象。

（3）再生水规划落实和执行不到位，配套措施滞后。多数城市（县城）污水处理厂位于城市下游，将来要利用再生水时，既要修建水厂，又要修管线，不仅增加了再生水利用的难度，也增加了建设成本和运行成本。许多地方再生水管网建设不能满足需要，覆盖范围难以达到自来水管网的辐射程度，使再生水厂的利用率较低，不能满负荷运转。有厂无网，成为制约再生水利用的主要瓶颈。

三、完善再生水利用规划制度的措施建议

再生水利用规划制度要从政府宏观管理的角度出发，规范城市再生水利用发展规划的编制与审批程序，明确规划编制主体、规划方案制定程序、审批主体及审批程序、规划执行制度；明确规划与城市发展、产业布局、企业发展等相关规划的关系；提出规划实施保障措施，增强政府对城市再生水利用的管理能力。

（一）明确再生水利用规划编制主体

对中央政府、地方政府、城市再生水利用相关企业三个主体而言，都需要在一定程度上参与再生水利用规划。国务院水行政主管部门在全国层面上统一配置、统一调度、统一管理水资源，2018年又被赋予履行指导全国城市再生水利用等非传统水资源开发的职能，在当前我国水资源短缺形势日益严峻的形势下，迫切需要将城市再生水利用纳入全国各区域水资源统一配置。地方政府作为具体负责辖区内城市再生水利用的部门，需要明确未来一段时期城市再生水利用的发展规模、再生水利用总量、设施建设布局、管网铺设布局等，同时还需要与城市发展总体战略和城市基础设施建设相衔接。此外，在城市水资源日益紧缺之时，很多地区已经针对电厂、钢企等耗水大户做出严格规定，冷却水等必须首先利用再生水；这些政策迫使一部分大型企业在后续建设选址中，必须考虑到当地政府城市再生水利用事业的发展思路。由此可见，无论中央、地方政府还是大用户，对参与这项事业的发展规划都需要一定的制度支

撑，主要体现在规划的制定与执行。

中央政府和地方政府中的主要专业部门（住建、环保、水利等）和综合性部门应作为规划编制主体，以便于协调，如《"十二五"全国城镇污水处理及再生利用设施建设规划》即由国家发展和改革委、住房和城乡建设部和环境保护部负责编制。关于再生水利用项目规划编制主体，需要适应于各地区不尽相同的再生水管理体制；根据调查，随着水务一体化的发展，越来越多的城市由水务部门负责管理再生水事业，在这种情况下，应积极探索由水务部门编制再生水专项规划。

（二）明确再生水利用规划体系

再生水利用规划体系由全国再生水利用规划、省级再生水利用规划、市（县）级再生水利用规划三级构成。考虑到我国再生水利用的发展现状和不同地域的经济发展水平，再生水利用规划应在不同层面开展，逐步形成三级规划组成的再生水利用规划体系。

当前再生水管理体制尚不完备，其规划体制也处于发展之中，政策规划和项目规划在规划部门和规划内容方面的区分还不清晰，也缺少规划制度保障下的衔接。从已有规划来看，中央和地方政府的规划，与专业部门制定的相关规划，基于不同的关注，或者倾向于政策性内容，或者强调项目建设的技术性内容。在中央和地方政府层面主要是制定目标、任务，明确相应的资金投入和政策保障手段，包括明确污水回用设施及其能力利用率、污水处理量、再生水利用率及其主要利用领域、投资估算和筹措、激励政策、法规、监管等指标和内容。这可以认为是一种发展目标导向的政策规划。

在专业部门负责的项目规划层次上，主要是进行市场需求的用户调查和水源分析、技术方案选择、政策和水价分析等，并落实于具体项目的水源、生产规模、投资、技术、用途、用户等。如2005年呼和浩特市水务局编制完成了《呼和浩特市水务发展"十一五"

规划及 2020 年展望》，对全市中水回用水源、回用水处理系统、回用的试验研究与实施、回用量及详细的工程规划做出了详细的方案，并制定了相应的目标。

两种规划之间的衔接是双向的，包括自上而下的任务分解，也包括自下而上的汇总合成。建议尽快制定全国城市再生水利用规划编制技术大纲，结合城市再生水利用规划指标研究，与节水型社会建设规划和水利发展规划等相协调，并结合我国城市水资源条件、经济发展水平，确定全国再生水利用发展规划目标，制定城市再生水利用规划编制技术大纲，以指导各城市开展再生水利用规划编制。在此基础上，组织编制地级城市的再生水利用建设规划，确定地级城市的再生水利用的建设任务、规模，并与城市供水、排水、污水处理等规划相衔接，规划再生水利用工程布局和项目，提出建设方案和实施安排。

（三）明确再生水利用规划编制、审批、调整的程序

建议由县级及以上水行政主管部门负责编制本辖区内城市再生水利用规划。国务院水行政主管部门会同发展改革、建设等有关部门负责指导地方的再生水利用规划编制工作。县级及以上地方人民政府水行政主管部门会同同级有关部门编制辖区内再生水利用规划，报本级人民政府批准，并报上一级水行政主管部门备案。县级及以上地方人民政府水行政主管部门会同其他有关部门具体负责再生水利用规划的组织实施和监督管理。经批准的规划需要修改时，必须按照规划编制程序经原批准机关批准。

（四）明确再生水利用规划与其他规划的关系

关于再生水专项规划与其他规划的关系，实际上因各地区规划体系的构成而存在差异。总的原则是：再生水利用规划应服从水资源综合规划和城市总体规划，并与土地利用规划、环境保护规划、城市供水规划、城市排水与污水处理规划等相协调。

再生水利用规划与城市建设规划及其给排水规划、水资源综合规划直接相关，后两者是编写再生水利用规划的基本依据和基础。首先，再生水开发利用规划要与城市规划、土地利用总体规划、供水规划、排水与污水处理规划等相协调，从而在土地供应、市政配套等方面预留相关指标。其次，从水资源配置角度出发，水资源开发利用规划明确了再生水在水资源配置格局中的定位，从而构成了再生水利用规划的基本依据，再生水利用规划需要做好与水资源规划的衔接。

（五）明确再生水利用规划实施保障机制

加强规划实施配套政策措施建设，如建立与城建、市政等部门的协调机制等；建立规划实施考核评价体系，将实施期间每年的规划成效与政府一把手工作绩效评估挂钩；适时推进规划实施激励机制，对规划落实中的先进集体或个人进行表彰。建设全国再生水利用规划信息管理系统，在城市再生水利用规划数据库的基础上，进一步拓展再生水利用管理有关功能，开发完善有关规划数据上报、数据统计和查询、信息处理等功能模块，建立全国城市再生水利用规划信息管理系统。

第二节　再生水配置制度

近年来，我国一些城市推广使用再生水取得良好成效，为缓解城市水资源短缺局面、优化区域水资源配置做出了重要贡献。2017年水利部出台了《关于非常规水源纳入水资源统一配置的指导意见》，加大污水集中处理再生利用、海水直接利用和淡化、矿井水利用、雨水集蓄利用等非常规水源利用力度。健全再生水纳入水资源统一配置制度体系，对于促进再生水开发利用与地表水、地下水开发利用相衔接，健全水资源统一配置体系具有重要意义。

一、再生水配置制度现状

《关于加快推进生态文明建设的意见》及《国务院关于实行最严格水资源管理制度的意见》《水污染防治行动计划》等文件，都提出了要大力推进非常规水源开发利用，其中《水污染防治行动计划》《国务院关于实行最严格水资源管理制度的意见》专门提出"将再生水、集蓄雨水、淡化海水、微咸水等非常规水源纳入水资源统一配置"。《水利部关于非常规水源纳入水资源统一配置的指导意见》系统提出了再生水等非常规水源纳入水资源统一配置的相关规定，要求"进一步扩大配置领域、强化配置手段、提高配置比例，完善激励政策、发挥市场作用，加快推进非常规水源开发利用"，并明确了非常规水源配置的目标任务，对城镇再生水和集蓄雨水、微咸水、海水和淡化海水等非常规水源制定了分类配置措施。

上述文件构成了再生水配置制度的基本政策依据，但相关制度仍需要进一步体系化，并将其上升为法律、法规要求。

二、再生水配置制度存在的主要问题

国家对再生水纳入水资源统一配置体系已经有明确的政策要求，并形成了再生水配置制度的基本框架。但考虑水资源管理的一般性要求，再生水配置工作仍存在一些难点，亟待健全相关制度，加强规范指导。

（1）在流域层面将再生水纳入水资源配置的规范指导不足。再生水的水源来自本地自产的污水，具有一定区域性。但是，如果从整个流域层面考虑，这部分污水在经过河道等自然生态系统自净之后，一部分也将成为下游地区城乡供水的来源。因此，必须要站在整个流域高度来考量如何将再生水利用纳入水资源配置体系，这是个系统问题，如果协调不好上下游关系，将会出现新的问题。比如，上游城镇原本产生的污水，被大量用作再生水，纳入到水资源配置当中加以重复利用，充分降低了上游城镇的供水压力，却直接导致下游城镇无水可用。这样，上游大量开发利用的再生水尽管对本地而言是利好，但是对下游地区的正常用水需求却造成影响，从流域层面、宏观整体层面来看，其成效反而被打折扣。为此，在大力推进再生水利用时，一定要对纳入水资源统一配置的再生水利用规模进行专项、统筹规划。

（2）对再生水纳入水资源配置的相关管理措施规定不明确。对一些用水大户，在对其下达用水计划时，应充分考虑再生水水源，具备再生水利用条件或在供水范围内的，应按照可利用量，相应控制和减少常规水源利用的计划指标。但由于再生水水源纳入计划用水管理不足，两者衔接措施不明确，导致下达计划指标和审批取水许可时，未能将再生水充分配置和利用。节约用水管理中，结合节水需求和用水领域，对再生水分类利用的要求不具体；开展水资源论证和节水评价，对充分利用再生水的强制要求不明确；再生水利用工程未纳入节水"三同时"制度。

（3）再生水水量与新水取用量替代关系的计算统计规范不健全，影响对配置效果的判断。在北京、天津、昆明等再生水利用水平较高的城市，再生水对地表水、地下水资源的替代作用非常明显，如北京 2008 年之后的再生水利用量已经超过了全市自产地表水、地下水资源的取用量，并被纳入全市水资源配置计划中进行统一调配。然而，与常规水资源相比，再生水在水质、水量上还存在着一定局限，不能完全替代常规水资源。因使用再生水而缩减的新水取用量与再生水用量之间并不构成严格的比例关系。对再生水利用量及替代作用的统计评价，有助于科学判断再生水的配置效果及对节水产生的作用，需要尽快加强研究并出台标准规范。

三、完善再生水配置制度的措施建议

结合落实水利部《关于非常规水源纳入水资源统一配置的指导

意见》，提出再生水纳入水资源统一配置制度的主要内容，促进再生水利用规划与其他相关规划相统一，与地表水、地下水等传统水资源统一配置、统一调度、统筹使用，纳入水资源配置工程体系。

（一）在编制流域（区域）综合水资源规划中严格再生水配置相关要求

各地在编制流域（区域）水资源综合规划时，应根据本流域（地区）实际情况，严格将再生水水源纳入水资源供需平衡分析，明确生产、生活、生态等各类用水使用再生水水源的需求和配置数量、各类再生水水源供水能力和相应的供水设施建设布局，确保再生水纳入水资源统一配置。缺水地区编制流域规划时，还要考虑上游再生水利用对减少排水量和下泄流量带来的影响，统筹考虑配置利用量。

（二）分类制定再生水利用要求

（1）根据实际条件，合理推进农业利用再生水水源。在水资源紧缺地区、地下水超采区，逐步压减农业对常规水源的取用量，适度发展再生水灌溉，大力开展农业节水，满足农业用水需求。

（2）推进高耗水、高污染工业优先和充分利用再生水水源。在水资源紧缺地区、水污染严重地区、地下水超采区，钢铁、火电、化工、制浆造纸、印染等建设项目必须优先和充分利用再生水。

（3）推进城市非饮用生活用水和市政杂用水更多使用再生水。在水资源紧缺地区、地下水超采区，洗车、降尘、道路洒水、建筑清洁用水和冲厕用水等，应充分使用再生水。

（4）推动城市生态环境用水和景观用水主要利用再生水水源。河道补水、景观用水必须优先使用再生水，小区绿化、公共绿化等要大力推广再生水。

（三）加强再生水水源的配置管理和过程管理

（1）将再生水利用作为建设项目和规划水资源论证、取水许可审批中优先考虑的配置对象。在水资源紧缺地区、水污染严重地区、地下水超采区，开展建设项目和规划水资源论证、节水评价时，必须将再生水水源纳入论证方案。上述地区的高耗水、高污染建设项目，必须优先和充分使用再生水，未充分利用再生水的，不得批准新增取水许可。

（2）将再生水水源纳入计划用水管理。对纳入取水许可管理的单位和公共供水管网内的用水大户，在对其下达用水计划时，要充分考虑再生水水源，具备再生水利用条件或在供水范围内的，应按照可利用量，相应控制和减少常规水源利用的计划指标。在水资源紧缺地区、水污染严重地区、地下水超采区，要依据区域用水总量控制指标，严格核定用水户取用常规水源规模，逐步加大用水计划中再生水利用比例。对按计划应当使用再生水而未使用或使用量不达标的用水户，应核减其下一年度的常规水源用水计划。

（3）再生水利用与定额管理的关系。为鼓励利用再生水，计征超定额累进加价收费时，再生水利用量的部分不在定额计算范围内。

（4）加强再生水利用统计管理。明确再生水利用量统计口径和标准，将再生水利用数据全面纳入各级水资源管理统计体系，并作为地方年度水资源公报内容之一。将工业、农林牧业、城市生活、市政杂用、环境绿化用水的再生水利用量纳入替代常规水源利用量的统计范围，公报中要列明替代常规水源利用量统计数据。完善再生水利用、配置管理的信息化建设，在现有系统中开发有关数据上报、数据统计和查询、信息处理等功能模块，建立全国城市再生水利用和配置信息管理系统。

（四）健全再生水利用工程设施建设有关制度

（1）将再生水利用工程纳入水源工程体系，与常规水源工程同时规划和建设。

（2）在水资源紧缺地区、水污染严重地区、地下水超采区，实施建设项目新、改、扩建时，符合再生水利用等设施建设条件的，须同期配套建设相应的利用设施，并与主体工程同时设计、同时施工、同时投入使用。对利用再生水的建设项目优先立项。

（3）城市再生水开发利用工程建设要和城市给排水系统实现有效对接。要加强城市自来水厂、污水处理厂、再生水厂的"三点"与城市供水管网、排水收集管网、再生水输配管网的"三网"统筹，场站与管网系统要配套建设，集中式再生水厂的建设与污水处理厂新、改、扩建要同步规划设计和投资。

第三节　再生水利用价格制度

再生水水价是合理调节再生水利用市场关系，促进再生水利用的重要经济手段。整体上看，我国再生水价格机制不健全，相关制度建设比较滞后。开展再生水价格制度研究，健全再生水价格形成机制，完善再生水价格管理体系，对促进再生水利用事业发展和长效运行意义重大。

一、再生水利用价格制度现状

（一）再生水价格管理主体

目前来看，各省（自治区、直辖市）依所在地政府定价目录和其他文件，规定省级价格行政主管部门或发展和改革委负责再生水价格制定与管理。如北京市规定由市发展和改革委负责制定与管理"中水和再生水销售价格"；湖南、广东、江苏等多数省份由省物价局负责。

多数省（自治区、直辖市）的市、县级的价格行政主管部门具体负责辖区内再生水价格管理工作。如江苏省出台的《关于扩大县

（市）价格管理权限的实施意见》（苏价综〔2008〕303号），明确提出"再生水价格，由各市、县价格主管部门制定"。

部分省（自治区、直辖市）人民政府授权下辖市、县人民政府负责再生水价格管理工作，如《安徽省定价目录》授权市、县人民政府对再生水供水制定销售价格。

（二）再生水价格构成

再生水价格主要由再生水生产成本与费用、税金和利润构成，多采用政府定价的形式制定。

再生水价格分为单一定价与分类定价两种类型。山东泰安等一些城市明确再生水价格可根据用户行业性质、利润水平等，按供水经营者净资产计提利润，利润率按国内商业银行长期贷款利率加2~3个百分点确定。

（三）定价程序

参照我国城市供水价格的制定法和定价程序，再生水的基本定价可先由再生水生产方提出合理的定价建议，由地方价格主管部门对建议定价开展成本调查、同行业调查、用户调查后初步确定价格，然后主持召开价格听证会，听取消费者、经营者、专业人士等多方面意见，讨论其可行性、必要性，由政府确定最终价格，并报上一级价格主管部门备案后向消费者、经营者公布，同时再生水价格如有变动必须报经政府重新审批，具体定价流程如图4-1所示。

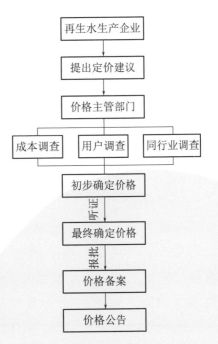

图4-1 再生水定价流程示意图

二、再生水利用价格制度存在的主要问题

（一）没有明确的定价标准

《国务院办公厅关于推进水价改革促进节约用水保护水资源的通知》明确要求"合理确定再生水价格"，对于价格制定也只是原则性的表述"再生水价格要以补偿成本和合理收益为原则，结合再生水水质、用途等情况，与自来水价格保持适当差价，按低于自来水价格的一定比例确定"，缺乏对再生水价格构成、定价依据、定价机制的明确要求。各地在实践过程中，没有详细的定价公式和定价标准可以参考。实际执行中，再生水价格水平无法弥补生产成本，很多地区再生水企业运行难以实现"保本微利"。同时，再生水与自来水水价也没有形成合理的价差，再生水的价格优势难以显现。

（二）再生水成本分担机制没有建立，生产企业负担过大

再生水企业的生产成本一般都高于水价，多出的成本，除少量政府补贴外，一般由企业内部消化（通过污水处理以及其他水务业务等）。对于合理的利润率，一些城市是在长期贷款利率的基础上加 $2\sim3$ 个百分点，难以反映通货膨胀等因素对再生水价格的影响。企业成本分担机制缺乏，导致企业负担过大，生产积极性不高。

（三）定价程序难以充分满足再生水市场发展需要

一般来说，再生水价格管理部门在制定再生水价格标准时，仅以再生水生产企业申报的成本和主管部门提出的调价方案为依据，难以反映再生水生产运营的综合效率，也没有反映出再生水作为水资源的价值。这样的定价方式，不但不能使企业提高内部管理效率，还会使用水户不满意，难以推动再生水市场的发展，更加难以实现区域水资源的优化配置。

（四）政府为推广再生水而采用的价格补贴机制不健全

目前我国再生水发展最急迫的是提高再生水用量，实现资源的优化配置，这需要社会主义市场经济体制下价格杠杆发挥资源配置的基础性作用。如果再生水生产成本高于社会可接受价格水平的，政府应该予以补贴，以确保再生水对于自来水的价格优势，鼓励用户积极使用再生水替代自来水。从典型城市调研结果来看，城市再生水的生产成本几乎都比再生水政府定价要高，但是全国开展再生水补贴（特别是针对价格的直接补贴，"明补"）的城市很少，多数还是采用"暗补"形式，即针对"生产端"的再生水企业采用税收减免等优惠政策，进而弥补再生水生产者因再生水价格低于生产成本的损失，保障其可维持简单再生产。这种补贴方式，对再生水生产企业的直接促进效用不是很明显。

（五）再生水价格制定与调整的用户参与机制和制度不健全

《价格法》第二十三条明确规定，制定关系群众切身利益的公用事业价格、公益性服务价格、自然垄断经营的商品价格等政府指导价、政府定价，应当建立听证会制度，由政府价格主管部门主持，征求消费者、经营者和有关方面的意见，论证其必要性、可行性。国家发展和改革委于 2008 年 10 月正式发布了《政府制定价格听证办法》。各省在此基础上也出台了有关价格听证的实施细则，在价格听证上积累了多年的实践经验。但就再生水利用而言，全国几乎没有针对再生水价格制定与调整的案例，再生水用户对此的听证效果极为有限。

三、完善再生水定价机制与价格制度的措施建议

（一）明确再生水定价方式与主体

（1）再生水定价方式。由于再生水通过参与城市水资源的统一配置，发挥城市重要替代水源的功效，因此与传统水资源一样作为

重要的战略资源，在价格上实行政府定价。再生水定价具有强制性，未经价格主管部门批准，任何单位和个人都无权变动。

（2）再生水定价主体。由于我国再生水利用具有显著的地区差异性，再生水定价应由各地级市在《价格法》等相关政策法规的基础上，由本市价格主管部门与水行政主管部门共同确定，上一级价格主管部门与水行政主管部门对其进行监督、审查、管理。

（二）再生水定价原则

当前，我国有关供水价格的管理办法对水价格制定原则做出了明确的规定。其中，对于水利工程供水价格的制定，《水利工程供水价格管理办法》规定按照补偿成本、合理收益、优质优价、公平负担的原则制定，并根据供水成本、费用及市场供求的变化情况适时调整；对于城市供水价格的制定，《城市供水价格管理办法》规定应遵循补偿成本、合理收益、节约用水、公平负担的原则。

再生水作为特殊的非常规水源，纳入水资源统一配置体系，也应参照水利工程供水和城市供水价格管理办法规定，从效率和公平角度提出定价原则，以促进再生水资源的持续利用。

1. 资源高效利用原则

价格是市场机制的中心环节，是调节资源配置的有效杠杆。再生水价格应成为指导再生水生产和使用的信号。通过制定有效的再生水价格，在"生产端"促进再生水企业逐步扩大再生水生产规模，实现"保本微利"；在"需求端"形成与自来水的价格差异，引导用户转而使用再生水，增加再生水使用量，降低再生水的单位生产成本，进而促使再生水企业扩大生产能力，形成高效、持续的正向循环。

2. 成本回收和合理收益原则

水费收入是供水企业获得资金以维持简单再生产和扩大再生产的主要来源，水价的高低在很大程度上影响着供水企业的发展。因此，合理的再生水价格制定首先应考虑能够保证再生水生产与输配等工程建设投资以及生产成本、运行管理费用等，使再生水企业能够有充足的资金用于设施的运行管理、维护养护、更新改造等。

同时，合理的再生水价格制定，也应该考虑再生水企业的合理收益，即利润。目前来看，我国再生水生产与供给单位大多属于企业性质，获取合理利润，能够"保本微利"，既是再生水企业实现简单再生产的重要途径，更是我国再生水利用在"生产端"实现再生水高效稳定供给的重要保证。江苏淮安等一些城市根据《国务院办公厅关于推进水价改革促进节约用水保护水资源的通知》（国办发〔2004〕36号）精神出台了相关文件，明确了再生水价格中的利润应按再生水供水净资产计算利润，利润率按国内商业银行长期贷款利率加2~3个百分点确定（或者不超过8％）。当然，对于一些刚开始利用再生水的城市，为了吸引再生水用户扩大再生水利用规模，再生水价格可在成本回收的前提下，实行"零利润"。

3. 再生水用户可接受原则

再生水作为非传统水资源的重要组成部分，再生水利用市场的扩大不仅依赖于再生水"供应端"，还要依赖于再生水"消费端"，扩大再生水利用覆盖面，提高用户利用再生水的需求。由此可见，再生水价格制定要在尽可能确保再生水企业成本回收和合理收益的基础上，充分考虑用户对再生水价格的可接受能力，实质是用户利用再生水之后，在当前自来水价格水平的基础上，由于再生水和自来水存在价格差异而表现出来的再生水利用意愿。如果再生水与所替换的自来水价格之间没有较大差距，则再生水用户可能并不具有较高的利用意愿，对再生水利用的可接受能力不强。同时，受我国长期以来执行的免费供水，以及福利水价、补贴水价等水价政策的影响，加之当前自来水水价普遍较低，用户对能够接受的再生水水价标准并不会太高。因此，在再生水价格制定时一定要考虑到用户的承受能力与承受意愿，制定出的价格要能为用户所普遍接受，这样的价格才利于实施。

4. 差别定价原则

考虑到不同用户对所使用的再生水水质存在差异，必然会造成再生水在生产环节中使用不同的技术工艺、处理药剂等，单位再生水生产成本并不相同。如果再生水采用单一定价模式，将难以充分体现出因用户需求而造成的再生水价格差异，同时也不利于那些专门生产较高标准再生水的企业回笼资金、扩大生产。因此，要在再生水价格制定中充分考虑用户对水质的不同需求，采取分类定价方式。

5. 可持续发展原则

由于再生水能有效节约稀缺的水资源、减少排污、促进污水处理，因此是实现社会经济可持续发展的重要途径。再生水在定价过程中应充分考虑其所带来的环境效益和社会效益。合理的再生水价格应是既能促进社会对再生水需求的增长，又能保证再生水工程的可持续运行。此外，再生水价格不应是固定不变的，应能随着物价变动、技术进步以及人们收入增长和对其接受能力的提高而得到及时的变动。

（三）再生水定价依据

1. 再生水生产的社会平均成本核算

再生水生产的社会平均成本（指不同的再生水企业生产再生水的平均成本，是再生水的定价成本，按社会平均成本定价是价值规律的要求）是定价的基础。成本是商品经济的价值范畴，是商品价值的组成部分。人们要进行生产经营活动或达到一定的目的，就必须耗费一定的资源（人力、物力和财力），其所费资源的货币表现称为成本。成本是制定价格的基础，是影响价格水平最关键的因素。再生水生产成本包括再生水企业直接和间接的运行费、管理费，以及折旧、税金等。再生水价格中所包含的利润，一般由社会平均利润率测算。在再生水利用起步与示范引导阶段，为了刺激用户使用再生水，再生水价格宜根据核定的各成本制定，暂时不计利润。待实现成本回收以后，可根据再生水利用情况考虑合理的再生水利润，实现再生水生产的"保本微利"。

2. 再生水利用的市场供求状况

市场经济的价格理论认为，价格机制是市场机制中最重要的机制，受到商品（或服务）的供给和需求关系的显著影响。实际的市场价格是供给和需求相等时的价格，这时的价格称为均衡价格，这时的商品供给量和需求量称为均衡数量。均衡价格的形成是在市场交换背后进行的，而且均衡价格的变动受供求变动的影响：需求的增减引起价格的升降，供给的减增引起价格的升降，供求同时变动对价格的影响取决于其变动的具体情况。因此，在社会主义市场经济条件下，再生水价格应是明确体现再生水供需均衡状态的合理价格。

但是目前来看，我国的再生水市场发育尚不完善，很多城市再生水利用还未起步，已经开始利用再生水的城市又存在体制不顺等诸多问题。加之再生水市场具有不同于其他商品的市场运行规律，如垄断性、区域性和准公益性等，再生水均衡价格只是作为再生水定价的重要参考。

3. 用水户承受能力

在我国，公共供水具有公益性垄断行业的性质，其价格不能完全由市场经济条件下的均衡价格确定，而需要政府相关部门综合分析各类价格影响因素后制定实施。供水价格从需求端考虑受经济社会发展水平和收入水平的影响，用水户往往只具有一定的承受能力，超出用水户承受能力的水价是很难推行的。再生水作为替代自来水的非传统水源，具有一定的公益性，其价格制定也必须考虑用户的承受能力。

4. 不同水源比价关系

不同水源比价关系是定价可行性的关键。在市场经济条件下，价格是调节和引导人们消费行为的有力手段。制定合理的地表水、地下水、自来水、再生水、污水处理费之间的比价关系，拉大再生水与地表水、地下水以及自来水之间的价格差，真正做到优水优用，提高水资源的利用效率，也使再生水价格具有经济上的优先性，进而发挥其杠杆调节作用，引导合理的用水消费，扩大再生水利用的市场需求，促进再生水回用的产业化发展，达到节约用水的目的。

（四）再生水水价核算方法

1. 现行水价核算方法

目前，比较常见的水价核算方法有按供水服务成本核算、按用水户承受能力核算、按供水边际成本核算、按完全市场定价模式核算、按全成本定价模式核算等几类。

（1）按供水服务成本核算。按服务成本定价是供水等公用事业行业中常用的传统定价方法。按照这种定价方法，水价应能回收全部供水服务成本，包括投资成本、管理成本以及运行维护成本等，保证供水经营者正常运营和自我发展。这是一种考虑经营者利益的"经营型"水价定价方法。

（2）按用水户承受能力核算。按用水户承受能力核算水价的方法是考虑社会收入再分配，根据用水户对水费支出承受能力的反应确定水价的一种核算方法。它强调供水对象的经济负担能力和心理承受能力，使得供水常常带有福利色彩。根据供水对象的承受能力决定水价，即用水户所承认并愿意为之负担的供水价格。譬如，对居民水费支出，世界银行或其他国际贷款机构采用水费支出占家庭收入的比例以3％～5％作为现实可行的指标，以此指标作为居民对水费支出的承受能力或意愿，进一步核算水价。1995年建设部《城市缺水问题研究》报告中根据国外一些资料分析，水费支出占家庭收入1％时，对用水户的心理影响不大；水费支出占家庭收入的2％时，有一定影响，用水户开始关心用水量；水费支出占家庭收入5％时，对心理影响较大，并认真节水；当水费支出占家庭收入的10％时，影响很大，并考虑水的重复利用。用水户对再生水利用价格的心理承受能力较自来水价格要低，再生水水费支出对用水户心理影响也更大。

（3）按供水边际成本核算。边际成本是指增加一个单位供水量所引起的总供水成本的增值。按这种方法核算，水价等于生产最后一单位供水量的成本。

（4）按完全市场定价模式核算。市场经济的价格理论认为，价格机制是市场机制中最重要的机制。在市场经济中，在一个完全竞争、不存在垄断的市场上，决定市场价格的是供给和需求。采用完全市场定价模式来核算水价，实际用水户能够将其用水价值与其他人的潜在用水价值平衡，供水价格完全取决于水市场的供求关系，价格可以随市场供求上下波动。

（5）按全成本定价模式核算。全成本定价是同边际成本定价相似的概念和方法，它是从另一个角度来说明水价制定方法。全成本定价将能通过把全部外部成本（包括资源消耗和环境污染成本）内部化，并转移给资源消耗和污染商品的生产者和消费者。同样，全成本定价将计算所有的资源耗竭稀缺性成本和环境恶化的全部损失。完整成本的水价应该包括资源成本、工程成本和环境成本。资源成本是用水户需要支付的未经过水利工程或水力机械等调节处理过的所谓天然水的价格；工程成本是通过具体的或抽象的物化劳动把资源水变成产品水，进入市场成为商品水所花费的代价，包括工程费（包括勘测、设计和施工等）、服务费（包括运行、经营、管理、维护和修理等）和利息与折旧等；环境成本是水资源开发利用活动造成生态环境功能降低的经济补偿价格，即为达到某种水质标准而付出水环境防治费的经济补偿。按照全成本来核算水价，能充分体现水资源的稀缺价值、供水服务成本以及水环境的恢复补偿费用，是一种较完善的核算方法。

2. 不同水价核算方法的比较

（1）按供水服务成本核算的水价往往未能将所有的社会成本，

如资源成本、环境成本计入水价中，也没有考虑用水户的承受能力。因此，此法一般适用于水资源丰沛和经济发达地区的中、高收入用户，以及工商业和特殊行业水价的确定。

（2）按用水户承受能力核算的方法充分考虑了用水户的承受能力，使得供水常常带有福利色彩。但这种方法不利于供水工程投资和运行成本的回收，当供水经营者的亏损有补偿渠道时可采用这种方法。

（3）按供水边际成本核算的方法有利于促进节约用水，实现帕累托资源配置效率。但这种方法应用于边际成本低于年平均成本的自然垄断行业时，容易造成企业亏损运营。当供水工程运行初期，供水能力尚未充分发挥，当需水量增加时，供水成本只增加运行费用的变动，在此情况下，增加单位供水量的费用低于平均成本。当供水工程满负荷运行后，如再增加供水量，则需增加供水系统的投资，边际成本将递增。边际成本核算水价的方法测算复杂，边际成本难以定量计算。

（4）按完全市场定价模式核算的方法反映了水的市场供求关系和水资源的紧缺程度，有利于供水工程投资、成本和运行管理费用的回收，有利于供水工程的正常维护与运行。但是，完全由市场来决定供水价格，没有考虑用水户的承受能力，也不利于水价的执行与社会稳定。而且，我国水市场总体来看尚不完善，该方法的一些适应条件还不具备。

（5）按全成本定价模式核算方法考虑了水价的完整构成，有利于节约用水、保护水资源和保护环境，有利于供水工程投资、成本与费用的回收，有利于工程的良性运行。该方法适应于多种供水工程水价的制定。不足之处在于该方法亦未考虑用水户的承受能力，而且目前关于资源成本和环境成本的理论与实践尚不成熟。

3. 再生水合理水价核算方法的选择

再生水是具有一定经营性质的准公共物品，但目前再生水市场发育不完备，同时考虑到再生水利用造成的边际使用成本和外部成本不易定量计算等困难，在现行水价核算方法中，再生水资源边际成本价格模型和完全市场定价模型的应用受到了一定的限制。因此，为使核算方法可行并利于操作，再生水水价核算宜采用用于具体污水回用工程项目成本核算的服务成本价格模型，同时结合用水户承受能力分析模型和全成本定价模型。再生水定价的全成本模式应结合再生水利用的特殊性，对水价组成部分具体分析后采用。

（五）再生水水价模型

1. 再生水水价基本构成

再生水的价格包括生产成本与费用、合理利润及税金。

再生水价格中的生产成本与费用体现了对再生水工程可持续运行能力的保护，参照国家财政主管部门颁发的《企业财务通则》和《企业会计准则》等有关规定核定，包括固定资产折旧费、大修理费、能源消耗费、药剂费、直接工资、水质检测和监测费，以及管理费用、财务费用和销售费用等。

再生水价格中的利润由净资产收益率或投资回报率进行核算。具体收益率水平由地方各级政府根据当地的经济发展水平和城市再生水利用发展目标、再生水用户行业特征等因素加以确定。

再生水价格中的税金指按国家税金征收有关规定，再生水企业应当交纳的税金，现阶段应设为低税率或零税率。

2. 再生水水价计算模型——平均成本定价法

平均成本定价法是自然垄断行业中最常采用的定价方法，其定价基础是对平均成本的估计，对平均成本的估计主要依据历史统计资料，此外还须确定一个合理的利润率值，该值一般取决于社会平均利润率，也可能取决于政府或公众的偏好。在再生水利用起步阶段，建议再生水价格中不计入利润。

再生水的平均成本定价方法，是依据区域内再生水厂的平均生产成本与费用确定再生水价格水平；进而结合用水户行业特征、承

受能力等，进行再生水不同用户间的成本分摊。

实现再生水平均成本定价的关键，在于如何公平合理地实现成本在不同类型用水户间的分配，使用户负担与其所接受的再生水供应相应的成本。

在不考虑成本分摊的情况下，再生水平均成本（P）定价的公式为

$$P = \frac{O+Ir}{365Q} = P_Q + \frac{Ir}{365Q} \qquad (4-1)$$

式中 P——再生水成本价格，元/m³；

P_Q——单位制水成本，元/m³；

O——工程运行成本，万元；

I——工程投资额，万元；

r——收益率，%；

Q——再生水厂处理规模，m³/d。

（1）再生水设施与管网建设费用（C）。再生水设施建设费用包括两部分：一是设施建设费用，包括独立的再生水厂（或污水处理厂升级改造后的深度处理设备）；二是再生水输水管网费用，参照水处理的建设投资费用函数的基本形式，采用直线折旧法来确定。

再生水设施建设费用函数模型为

$$C_1 = \alpha_1 Q^{\beta_1} \qquad (4-2)$$

式中 C_1——再生水设施建设费用，万元；

α_1、β_1——费用参数；

Q——再生水设施处理规模，m³/d。

输水管网费用函数模型为

$$C_2 = \alpha_2 Q^{\beta_2} L \qquad (4-3)$$

式中 C_2——输水管道建设费用，万元；

α_2、β_2——费用参数；

L——输水管长度，km。

目前国内外尚无较完整、统一的再生水利用工程的费用资料，在此引用田一梅等建立的再生水处理工程建设费用函数，即

$$C_1 = 153.70Q^{0.83} \tag{4-4}$$

$$C_2 = 16.72Q^{0.78}L \tag{4-5}$$

（2）再生水生产成本（E）。再生水的年生产成本主要包括两个方面：工程建设投资的年折旧费和运行管理费，其中年运行管理费主要包括动力费、药剂费、大修和检修维护费、工资福利、管理费及其他费用。

1）工程投资年折旧费为

$$E_1 = (C_1 + C_2)\mu \tag{4-6}$$

式中　E_1——固定资产基本折旧费，万元；

　　　μ——固定资产平均折旧率，一般取值 $6\% \sim 10\%$。

2）动力费为

$$E_2 = eQH \tag{4-7}$$

式中　E_2——污水回用系统动力费，万元；

　　　e——电费单价，元/$(kW \cdot h)$；

　　　Q——处理水量，m^3/d；

　　　H——工作全扬程，包括一级泵站、二级泵站及增压泵站的全部扬程，m。

3）药剂费为

$$E_3 = \frac{365Q}{1000}\sum_{i=1}^{n}(a_ib_i) \tag{4-8}$$

式中　E_3——年总药剂费用，万元；

　　　Q——再生水厂处理规模，m^3/d；

　　　a_i——第 i 种药剂（包括混凝剂、助凝剂、消毒剂等）的平均投加量，mg/L；

　　　b_i——第 i 种药剂的单价，元/kg。

4) 大修和检修维护费为

$$E_4 = (C_1 + C_2)v \tag{4-9}$$

式中　E_4——大修和检修维护费，万元；

　　　v——大修和检修维护综合费用系数，一般取值 2.5%。

5) 工资福利、管理和其他费用为

$$E_5 = (E_1 + E_2 + E_3 + E_4)\eta \tag{4-10}$$

式中　E_5——工资福利等其他费用，万元；

　　　η——工资福利、管理费及其他费用取值的比例系数，一般在 15% 左右。

6) 年生产成本为

$$E = E_1 + E_2 + E_3 + E_4 + E_5 = \sum E_i \tag{4-11}$$

（3）单位制水成本（P_Q）。综上，再生水价格的单位制水成本模型为

$$P_Q = \frac{C+E}{365Q} \tag{4-12}$$

式中　P_Q——单位制水成本，元/m³；

　　　Q——再生水厂处理规模，m³/d。

在考虑成本在不同用水户间的分摊情况下，可参考自来水服务成本在各类用户间的分配比例，来确定再生水生产成本在各用水户间的分配。于是有

$$P_H Q_H + P_P Q_P + P_M Q_M = P(Q_H + Q_P + Q_M) \tag{4-13}$$

式中　P_H、P_P、P_M——住宅、公共建筑及市政杂用再生水的价格；

　　　Q_H、Q_P、Q_M——住宅、公共建筑及市政杂用的再生水年利用量；

　　　P——不考虑分摊问题的再生水价格。

同时，各类用途的再生水价格之间的比例关系，应与相应用途的自来水价格比例相同，据此可测算出住宅、公共建筑及市政杂用三类主要用途的再生水价格 P_H、P_P、P_M。

（六）再生水价格上下限

总体而言，除一部分水资源严重短缺、财力相对富余的大城市之外，目前我国大部分城市的再生水利用还处于起步阶段，再生水利用范围与接受程度均不高。"从无到有"发展再生水，要以政府激励与补贴为主；而"从有到优"利用好再生水，则需要政府指导下积极引入市场机制，发挥好价格杠杆等市场化工具。

1. 再生水价格空间上限

再生水作为替代水源，其价格不可能超过所替代的自来水，否则在经济上便得不偿失。为了确保再生水与自来水的价格差距，再生水价格上限须与自来水保持一定比例。

在再生水利用初期，再生水价格上限建议为自来水的 30% 左右，则

$$P_{1上} = \alpha_1 P_自 \qquad (4-14)$$

式中　$P_{1上}$——再生水利用初期的价格上限；

　　　α_1——价差比例，此时 α_1 可取 30%；

　　　$P_自$——自来水价格。

但是，这一时期由于再生水利用量较少，单位生产成本可能反而高于适合的再生水价格上限，需要政府进行一定程度的补贴，则此时再生水价格上限为

$$P_{1上} = C_供 - S_1 \qquad (4-15)$$

式中　$C_供$——再生水供水成本；

　　　S_1——适当的政府补贴。

在再生水逐渐形成规模之后（$\alpha P_自 > C_供$），单位生产成本会降

低，此时再生水价格空间上限可以在30％自来水价格的基础上适当升高，形成合理的"微利"空间。

$$P_{2\pm} = \alpha_2 P_{\dot{\Xi}} \qquad (4-16)$$

式中　$P_{2\pm}$——再生水利用形成规模之后的价格上限；

　　　α_2——价差比例，此时α_2可高于30％；

　　　$P_{\dot{\Xi}}$——自来水价格。

2. 再生水价格空间下限

从再生水企业简单再生产的角度分析，再生水中的工程成本应是企业成本的反映。因为再生水企业的预付资金能否得到补偿，关键是看其所售再生水价格与成本的关系，只有再生水的价格等于制水成本，资金消耗才能得到完全的补偿，再生水企业的简单再生产才能维持。

在再生水利用初期，受再生水利用规模限制，再生水的单位供水成本较高；而且为了促使用户使用再生水，再生水价格相对较低，可能暂时还达不到供水成本，这时需要政府公共财政进行补贴。再生水价格空间下限与一定的政府补贴之和，至少应该与再生水供水成本持平。

$$P_{1\mp} = C_{\dot{\textrm{供}}} - S_2 \qquad (4-17)$$

式中　$P_{1\mp}$——再生水利用形成规模初期的价格下限；

　　　$C_{\dot{\textrm{供}}}$——再生水供水成本；

　　　S_2——一定的政府补贴。

在再生水逐渐形成规模之后（$P_{\mp} \geqslant C_{\textrm{供}}$），单位生产成本会降低，此时再生水价格空间下限至少应该保证不低于再生水供水成本。

$$P_{2\mp} = C_{\textrm{供}} \qquad (4-18)$$

式中　$P_{2\mp}$——再生水利用形成规模之后的价格下限；

　　　$C_{\textrm{供}}$——再生水供水成本。

因此，就目前再生水利用状况而言，合理的再生水价格水平，必须充分考虑对价格的财政补贴。

（七）完善再生水价格管理制度

1. 健全再生水价格分类管理制度

借鉴自来水实行的分类价格模式，加强再生水的分类价格管理工作。但是，由于目前很多城市再生水用途仍然较为单一，城市居民生活杂用等用量无法与景观环境（包括市政用途）和工业冷却水的用量相提并论，因此需要逐渐培育市场，探索推进针对不同用户的再生水分类价格管理。

2. 完善再生水成本监审管理制度

目前来看，我国已经出台了包括水资源在内的资源性产品成本监审的政策法规，应根据这些法规，提出再生水成本监审的规范和措施要求。

（1）建立再生水的成本考核指标体系，规范再生水水价成本的核算方法。政府物价和水行政主管部门应主持建立区域再生水平均成本核算模型，做好再生水生产的社会平均成本的测算工作，使再生水成本和价格的核算规范、合理。

（2）建立再生水生产企业成本预审制度，对企业的成本构成进行长期的监管和控制。为此应相应建立供水企业成本台账，物价部门可以据此实现"关口前移"，对再生水生产企业成本定期进行全方位稽核审查，以保证再生水生产成本的合理。

（3）做好再生水生产企业的成本公开。政府价格主管部门启动调价程序时，再生水生产企业应及时通过本企业网站或当地政府网站进行再生水生产成本公开，包括企业有关经营情况和成本数据，以及社会公众关心、关注的其他有关再生水水价调整的重要问题。

（4）做好再生水定价成本监审公开。为保证成本监审的客观、公正，政府价格主管部门应广泛邀请部分人大代表、政协委员、专

家学者等参与监督，提高政府决策的公信力。成本监审报告应明确
再生水生产企业的运营情况、财务状况、成本数据等有关情况，重
点说明企业成本支出变化等群众关心的问题。政府应通过政府网
站、新闻媒体向社会公布再生水定价决定和对有关方面主要意见的
采纳情况及理由。

（5）完善再生水价格补贴机制。实施再生水价格补贴政策，一
方面可促进再生水生产，实现再生水厂"保本微利"；另一方面，
加大价格补贴力度，也可增强再生水与自来水的价格差异带来的激
励效应，吸引更多潜在用户积极使用再生水。

1）理顺再生水的财政补贴体制，明确补贴管理主体，建立部
门间协作机制，做好中央与地方层面的沟通联系。

2）明确财政补贴范围和补贴标准，财政补贴应既包括再生水
生产企业，也包括再生水用户。对再生水生产企业的补贴标准，建
议结合再生水生产成本与费用，并参考政府确定参考价格的资源性
产品平均利润水平等因素综合制定。对再生水用户的补贴标准，建
议根据不同用途，结合用户承受能力共同制定。

第四节　再生水利用安全监管制度

再生水利用安全监管是指再生水利用安全监管部门为了实现稳
定、安全的再生水供应，在再生水生产、输送和利用过程中，对可
能存在的水质安全、水量安全、生态安全和生产安全等进行检测、
巡视、风险防范等监督管理的行为和手段。完备的安全监管体系是
再生水生产、输配、使用等各环节规范运作的基本保障。目前，受
技术标准体系尚不完善的影响和体制制约，安全监管较为薄弱，影
响了再生水的推广使用。建立完善再生水利用安全监管制度与机
制，对于确保再生水水质、水量符合相关标准和用户要求，保证再

生水利用设施的安全运行，促进再生水行业健康发展都具有重要意义。

一、再生水利用安全监管制度现状

（一）再生水利用的监管体制

我国再生水利用安全监管实行分级、分部门相结合的管理体制，各级水务（水利）、环保、城市建设、卫生防疫等部门在各自的职责范围内，对再生水利用安全监管的有关工作实施监督管理。各部门之间既相互独立，又彼此联系。

1. 国家层面

从国家层面来看，再生水利用安全监管主体有水利、城建、生态环境、卫生防疫等部门，国务院部门"三定方案"及相关法规明确了各部门的工作职责。

（1）水利部门。2018 年水利部"三定方案"，赋予水利部"指导城市再生水利用等非传统水资源开发工作"的职责，在国家层面明确了非常规水源开发的管理部门。

（2）城建部门。根据《城镇排水与污水处理条例》等规定，城建部门承担的职责包括：指导城市供水、节水、燃气、热力、市政设施、园林、市容环境治理、城建监察等工作；指导城镇污水处理设施和管网配套建设；指导监督全国城镇排水与污水处理工作。

（3）生态环境部门。根据《中华人民共和国环境保护法》的规定，生态环境部对全国环境保护实施统一监督管理。在再生水利用管理方面，生态环境部承担的职责是拟定并组织实施大气、水体等的污染防治法律、法规。

（4）卫生防疫部门。卫生防疫部门的主要工作职责是：指导、协调突发公共卫生事件的监测预警、处置救援等工作；指导实施突

发公共卫生事件预防控制与应急处置，发布突发公共卫生事件应急处置信息；承担公共卫生综合监管，组织开展公共场所监督检查；指导规范综合监督执法。

2. 地方层面（部分城市）

地方层面再生水利用管理体制呈现差异性，涉及的管理部门主要包括：水行政主管部门、市政行政主管部门、城乡建设行政主管部门、排水行政主管部门、城市节约用水行政主管部门等。

（1）水行政主管部门。近年来，随着我国水务体制改革的深入，地方水务局中承担再生水利用管理职能的数量呈上升趋势。北京、天津、深圳等地明确水行政主管部门负责再生水的监督和管理工作；天津、昆明等地明确水行政主管部门是本市再生水利用的行政主管部门，负责本行政区域的再生水工作。

《北京市排水和再生水管理办法》（2010年）规定了市和区（县）水行政主管部门的职责，主要包括组织编制本行政区域再生水利用规划与建设计划并组织实施，负责再生水的监督和管理工作。《昆明市再生水管理办法》规定"市水行政主管部门主管本市行政区域内的再生水工作"。《哈尔滨市再生水利用管理办法》规定"市水行政主管部门负责本市再生水利用的监督管理工作，县（市）水行政主管部门负责辖区内再生水利用的监督管理工作"。

（2）市政行政主管部门。厦门市、济南市明确市政行政主管部门是再生水利用的行政主管部门，负责再生水利用的监督管理。《厦门市城市再生水开发利用实施办法》（2015年）规定，"市政行政主管部门是本市再生水利用的行政主管部门，负责本办法的具体实施和监督管理；市再生水供水单位具体负责再生水处理、再生水供应、利用和再生水供水设施的管理。发展和改革、建设、财政、国土资源、城乡规划、环保等部门，按照各自职责做好再生水管理相关工作。城乡规划行政主管部门会同发展和改革、市政、环保、城乡建设、水利等部门编制再生水利用专项规划，报市政府批准后实施。"济南市市政公用事业局是济南市再生水设施建设与管理的主管部门，其主要职责是拟定再生水利用专业规划和年度规划，负责新建再生水设施设计审核、工程验收和再生水行业的监督管理。

（3）城乡建设行政主管部门。包头、银川等地的市建设行政主管部门负责市行政区域的再生水管理工作。《包头市再生水管理办法》规定，"市城乡建设行政主管部门负责本市行政区域内再生水管理工作，可以委托其设立的再生水监督管理机构具体负责再生水利用监督检查。"《银川市再生水利用管理办法》规定，"市建设行政部门是本市再生水利用的主管部门；市再生水供水单位具体负责污水处理、再生水供应、利用和再生水供水设施的管理。"

（4）排水行政主管部门。宁波市再生水利用的管理工作是由城市排水行政主管部门负责，"市城市排水管理机构受城市排水行政主管部门委托，具体负责城市排水和再生水利用的管理工作，县（市）、区人民政府确定的城市排水行政主管部门负责所辖城市规划区内城市排水和再生水利用的管理工作"。

天津市水行政主管部门是本市再生水利用的行政主管部门，但市和区县排水管理部门按照职责分工负责再生水利用的管理和监督工作。

（5）城市节约用水行政主管部门。青岛市节约用水行政主管部门主管全市的城市再生水利用工作，职责包括：会同计划、规划、建设、环保等部门编制再生水利用规划，经市人民政府批准后组织实施。《青岛市城市再生水利用管理办法》规定，"市城市节约用水管理机构和各区市城市节约用水行政主管部门应当加强对再生水水质的监督，每季度对水质进行抽检，并将检测结果向社会公布。"

再生水利用监管主体及职责情况见表4-1。

表 4-1　　　　　　　再生水利用监管主体及职责情况

层　级	监管主体	典型地区	职　责
中央层面	水利部门	—	指导城市再生水利用等非传统水资源开发的工作
	住建部门	—	指导监督全国城镇排水与污水处理工作
	生态环境部门	—	拟定并组织实施大气、水体等的污染防治法律、法规
	卫生健康部门	—	指导突发事件的预警与处置
地方层面（主管部门）	水行政主管部门	北京	负责再生水的监督和管理工作
		天津	市水行政主管部门是本市再生水利用的行政主管部门。市和区县排水管理部门按照职责分工负责再生水利用的管理和监督工作
		昆明	主管本市行政区域内的再生水工作
		哈尔滨	负责本市再生水利用的监督管理工作
		深圳	市、区水务部门负责本市行政区域内再生水利用的监督管理工作
	市政行政主管部门	厦门	是本市再生水利用的行政主管部门
		济南	再生水设施建设与管理的主管部门，负责再生水行业的监督管理
	城乡建设行政主管部门	包头	负责本市行政区域内再生水管理工作，委托其设立的再生水监督管理机构具体负责再生水利用的监督检查等工作
		银川	是本市再生水利用的主管部门
		大连	城建局负责再生水厂设施运营；水务局，指导非常规水资源开发利用工作
	排水行政主管部门	宁波	负责再生水利用的管理工作。市城市排水管理机构具体负责城市排水和再生水利用的管理工作
		天津	市和区县排水管理部门按照职责分工负责再生水利用的管理和监督工作

续表

层　级	监管主体	典型地区	职　责
地方层面（主管部门）	城市节约用水行政主管部门	青岛	主管全市的城市再生水利用工作。市城市节约用水管理机构和各区市城市节约用水行政主管部门对再生水水质进行监督

（二）再生水利用安全监管的相关制度和规范梳理

梳理国家层面政策、法规、技术标准等对再生水利用安全监管的相关要求，以及对再生水利用不同环节的政策要求。

1. 国家层面

2006 年建设部、科技部颁布的《城市污水再生利用技术政策》是目前针对城市污水再生利用安全监管方面最为系统的文件。从水源水质、处理设置、水质监测、安全保障方面对再生水利用的安全监管做出了详细的规定。

（1）明确监管主体及职责。《城市污水再生利用技术政策》规定，"城市政府应明确监管部门，对再生水设施的综合运营状况进行监管，以保证再生水设施的稳定运营和服务质量。""监管部门应委托有资质的监测机构对再生水水质进行监测。"

（2）生产环节监管要求。

1）水源工程的设计要求。再生水水源工程的设计应保证水源的水质水量满足再生水生产与供给的可靠性、稳定性和安全性要求。

2）再生水水源水质的要求。《城市污水再生利用技术政策》规定"排入城市污水收集与再生处理系统的工业废水应严格按照国家及行业规定的排放标准，制定和实施相应的预处理、水质控制和保障计划。重金属、有毒有害物质超标的污水不允许排入或作为再生水水源"。《城市污水回用设计规范》（CECS 61：94）对再生水水源水质提出了要求：①回用水源水质必须符合《污水排入城镇下水道水质标准》（GB/T 31962—2015）、《污水综合排放标准》（GB 8978—1996）等要求。并规定了不宜作为回用水源的水质指标，如排污单位排出口污水浓度氯化物超过 500mg/L、色度超过 100 度、氨氮超过 100mg/L、总溶解固体超过 1500mg/L。重金属、有毒有害物质超标的污水不得排入污水收集系统。②回用水源应以生活污水为主，尽量减少工业废水所占比重。严禁放射性废水作为回用水源。③再生水水源的设计水质，应根据污水收集区域现有水质和预期水质变化情况综合确定。

3）再生水的水质监测。《城市污水再生利用技术政策》规定，"监管部门应委托有资质的监测机构对再生水水质进行监测，确保再生水水质合格。有条件的地区应考虑使用在线水质监测方法进行辅助监督。"

（3）输配水环节监管要求。对输配水管道的标识进行了规定："再生水生产设施及输配管道上应有明显的标识。"

（4）使用环节监管要求。使用再生水的区域及用水点都应设置醒目的警示牌。再生水和饮用水管道之间不允许出现交叉连接。

2. 地方层面（部分城市）

（1）明确监管主体及职责。《北京市排水和再生水管理办法》规定，"市和区（县）水行政主管部门，负责排水和再生水的监督和管理工作。""排水和再生水设施运营单位应当依法履行维护管理职责，保证设施安全正常运行，及时处置排水和再生水突发事件。"

《天津市城市排水和再生水利用管理条例》规定，"市和区、县排水管理部门按照职责分工负责再生水利用的管理和监督工作。"

《昆明市再生水管理办法》规定，市水行政主管部门主管本市行政区域内的再生水工作，昆明中心城区以外的各县（市）区再生水行政主管部门具体负责行政区域的再生水日常管理工作。发展改革、环境保护、滇管等职能部门按照各自职责，配合做好再生水管理的相关工作。

（2）生产环节监管要求。

1）制定再生水水质标准。2012 年，北京市发布实施了《城镇污水处理厂水污染物排放标准》（DB11/T 890—2012），将再生水厂主要水质指标提高到基本达到地表水Ⅳ类标准。与《城镇污水处理厂污染物排放标准》（GB 18918—2002）相比，COD 的排放限值由 50～60mg/L 调整到 20～30mg/L，氨氮排放限值由 5～8mg/L 调整到 1.0～1.5mg/L，主要指标达到Ⅳ类以上水质指标。7 项重金属基本控制项目严于或与《城镇污水处理厂污染物排放标准》相当；选择控制项目与国标相比，增加控制项目 11 项，总体严于国家标准。

2）对再生水水质进行监测。委托有资质的监测机构对再生水水质进行监测。《北京市排水和再生水管理办法》规定"监管部门应委托有资质的监测机构对再生水水质进行监测，确保再生水水质合格，监测费用列入监管部门监管成本，由本级财政列支"。《唐山市城市再生水利用管理暂行办法》规定"城市管理行政部门应当委托具有相应水质计量认证资质的单位对再生水的主要水质指标每半年进行一次检测"。

3）对再生水计量设施进行监管。《昆明市再生水管理办法》第二十四条规定，"再生水利用监督部门应当加强计量设施的监管。对申请再生水利用资金补助的，应当对已安装的计量设施加挂铅封。未经再生水利用监督部门同意和现场确认不得擅自更换和维修计量设施。"

4）明确再生水企业安全监管要求。再生水企业应安装水质监测装置。《北京市排水和再生水管理办法》规定："有条件的地区应考虑使用在线水质监测方法进行辅助监督。""公共污水处理设施应当安装符合国家规范要求的进出水计量装置、水质监测装置，加强水质在线监测。各项装置应当定期校核，确保数据真实准确。污水处理运营单位应当按照规定定期检测进出水水质，检测项目应当符合国家规范、规程要求。"明确再生水经营单位建立健全水质检测制度，保证再生水水质、水压和水量符合国家及行业标准。《银川市再生水利用管理办法》规定："再生水水质应当符合国家规定的水质标准。再生水供水单位应当按照国家规定的水质检测规范，做好再生水水质检测工作，保证供水水质符合国家标准。环保、质量技术监督和卫生防疫机构应当按照各自的职责定期对再生水水质进行监测。"

（3）输配水环节监管要求。

1）明确配置领域。《天津市再生水利用管理办法》规定，"市水行政主管部门应当优先配置再生水水源。热电、冶金、化工等高耗水企业应当使用再生水等非常规水源。"符合使用再生水情形的，市节约用水办公室在核定用水计划指标时，应当核定使用再生水，明确了再生水配置的原则。《宁波市城市排水和再生水利用条例》规定，应当优先使用再生水的领域，使用再生水的用水户，城市供水和节约用水行政主管部门应当优先核准其用水计划，明确了再生水配置的原则。

2）明确再生水供水水质、水量的要求。天津市2012年出台了《城市再生水供水服务管理规范》，从再生水供水质量（原水、供水、检测）、供水压力、抢修维护、设施维护、营业服务、应急预案等方面规范了相关技术要求，以确保再生水用户用水安全，提高再生水供水服务质量及用户满意度。

3）明确再生水供水管线连接及标识的要求。《青岛市城市再生水利用管理办法》规定，"再生水管道、水箱等外部设施表面应当涂成浅绿色，出水口必须标注'非饮用水'字样。""禁止将再生水管道与自来水管道直接连接。"

（4）使用环节监管要求。

1）明确用户安全使用再生水的要求。《北京市排水和再生水管理办法》规定，"再生水用户内部再生水供水系统和自来水供水系统应当相互独立，再生水设施和管线应当有明显标识，不得擅自改动使用性质。"

2）明确供水单位的营业服务要求。天津市的《城市再生水供水服务管理规范》规定了再生水供水单位对用户的服务要求，"供水单位应设置 24 小时服务热线，受理服务咨询、保修、投诉、预约等服务"。供水单位定期或不定期进行现场服务和安全用水宣传。

二、再生水利用安全监管制度存在的主要问题

（一）安全监管主体不明确

再生水利用安全监管涉及再生水生产、输配、使用的多个环节，水利、环保、卫生、住建、规划、安监等部门分别从再生水利用设施的建设规划、设施建设、资源配置、水质安全等方面，对再生水利用进行监管。从各地再生水利用监管情况来看，由于再生水利用管理体制尚未理顺，监管主体并不明确。只有北京、天津、深圳等少数城市明确规定再生水的监督和管理部门，大多数城市没有明确再生水利用的监督管理主体及职责。

（二）再生水利用安全监管制度所依据的法规体系不完善

目前我国再生水利用安全监管的法律法规面临着"数量少、分布散、效力弱、覆盖窄"等问题。国家层面目前尚未出台一部综合的、对再生水利用各环节、各要素的安全监管提出明确规定的法规，对地方各级再生水利用安全监管主体以及主管部门履行安全监管职责缺乏指导。地方再生水利用安全监管专项法规匮乏，出台的法规、规章与规范性文件主要着重于再生水利用的建设和运营，较少强调安全监管的内容。

（三）安全使用再生水的宣传教育制度缺失

我国目前对再生水的宣传力度不够，宣传教育机制不健全，一些城市政府和居民对使用再生水仍存在认识障碍，没有认识到正确使用再生水方法。公众对再生水水质存在疑虑，同时用户对再生水

使用的安全意识不强。一些用户为了使用方便，在装修过程私自改接再生水管线，将自来水和中水管线同时接入马桶水箱用阀门分别控制开关，造成了中水与自来水间接连通，在停水供水和开关阀门的过程中会使中水吸入自来水管道造成饮用水污染。

（四）缺少再生水利用安全保障制度和安全风险防范机制

目前在再生水利用设施的设计、建设、运行过程中缺乏较好的安全保障制度。再生水设施设计单位良莠不齐，设备质量存在较大差距，一些再生水利用工程出现工艺流程不够合理、技术参数选择不当、设备质量低、安装不合格等问题，成为再生水利用过程的安全隐患，增加安全监管难度。输配系统设计不合理，管线缺乏明显区别于自来水系统的标识，造成管道不慎交叉连接或间距过近形成污染，现有自来水管线转为再生水管线时没有采取足够的安全措施，如儿童安全防护等。缺乏再生水利用对植被种植、土壤污染影响、地下水二次污染风险的评估和防范机制。

三、完善再生水利用安全监管制度的措施建议

再生水利用安全监管是一项系统工程，通过构建和完善再生水利用安全监管制度和机制，实现对再生水生产、输配、利用全过程的有效监管，在产生问题时，通过即时纠偏使管理沿着正确的轨道运行，保证目标的顺利实现，确保城市再生水利用的安全性与高效率。

（一）识别再生水利用的安全风险

再生水厂的水源主要来自污水处理厂达标排放的污水，其中存在种类繁多、性质和危害性各异的污染物，除一般无机盐和有机物之外，还存在危害人体健康和生态系统的污染物，如病菌、氮磷、有毒重金属等，在人体接触或景观生态用水中可能导致健康风险或生态风险。再生水利用面临的安全问题总体来讲分为水质安全，水量、水压安全和水生态安全，见表 4-2。

表 4 - 2　　　　　　　　　再生水利用安全问题分类表

再生水利用安全	水质安全	健康安全
		生产安全
	水量、水压安全	供水量稳定
		供水连续性
	水生态安全	陆生生态系统
		水生生态系统

水质安全主要是再生水的水质是否达到生产生活的使用要求，从而对人体健康安全、生产用水生产产生影响，这是保障再生水利用安全的关键。水量、水压安全包括供水量稳定、供水连续性两个方面：再生水作为日常用水和工业冷却用水，需要一定的水量保障，而在生产和输送过程中，保障水压是其稳定、持续使用的前提，因此水量、水压安全是安全供水的重要内容。水质安全风险同时会导致水生态系统的安全风险，陆生生态系统和水生生态系统都可能受到损害；而在再生水生产利用过程中，由于施工、管道破坏、管道错节等导致的事故也可能诱发水生态安全问题。

从再生水利用的流程来看，污水再生利用要经过污水收集与集中处理、再生水生产、再生水输配、再生水使用等环节。上述环节都具有潜在风险，安全监管制度要针对各环节风险的防范，明确规范和要求。

1. 污水收集环节的潜在风险

（1）排污源带来的风险。进入城市污水收集系统的污水必须达到一定的水质标准，这是保障再生水水质安全性的前提。不合适的污水排放源会给再生水利用造成很大的风险。并非所有种类的污水都可以成为再生水利用的"源头"，对于重金属等污染物超标的工业废水、某些指标严重不合标准的医疗废水，一些爆发了传染性疾病小区的生活污水就不适合。

（2）污水收集风险。污水收集是再生水利用的前提条件，没有足够量的污水做保障，很难有稳定的再生水供应。污水收集也会带来潜在的风险。一是污水收集率不高导致的风险，一些城市的老城区因先期规划、建筑密度高、道路狭窄等原因，其污水收集管网的覆盖范围相对要小一些，造成一部分污水排放并不能够进入市政管网设施；同时还存在个别企业偷排。二是污水来水量不稳定导致的风险，污水来水量存在一定的季节性：夏季用水量大、污水排放多；冬季用水量小、污水排放较少。这与再生水利用对水量的稳定性需求之间存在明显矛盾，存在风险。

2. 生产环节的潜在风险

再生水生产环节包括再生水厂的进水、污水再生处理、再生水出水三个环节。在进水环节，由于再生水厂的水源是污水处理厂二级出水，进水受污水处理厂出水水源的水质影响，稳定性差。进水水质、水量取决于污水处理厂出水水质，很大程度上将影响再生水厂的出水水质。污水再生处理环节，考虑到再生水厂不是针对单一用户，而是针对多用户生产，不同用户对再生水水质的要求不同，再生水厂采用的生产工艺及处理技术，对于再生水水质及应对原水水质、水量不稳定风险的能力也不同。在再生水出水环节，再生水的各种使用存在一定的水质安全风险，也可能会造成二次污染的问题，从而使出水水质不能满足用户需求。分析再生水生产环节，进水水质、污水再生处理、再生水出水之间的关系，对于分析再生水利用面临的潜在风险十分必要。

3. 输配水环节的潜在风险

再生水输配水环节是指从再生水厂出水到用户前端的全过程，输配水系统包括输配水管道、泵站和储水设施。输配系统的选择受到用户位置、水源、自然地理条件、经济条件等影响，需要保证用户需要的水量、足够的水压、不间断供水，以及防止错接、乱接风险。同时，输配水环节也会面临水量、水压、供水稳定性、供水管连接问题等潜在的风险。

再生水不同环节中可能存在的安全风险见表4-3。

表 4-3　　　　　再生水不同环节中可能存在的安全风险

环节	类别	风险类型	潜在风险
污水收集环节	排污源	水质风险	• 重金属、有毒有害物质超标的污水
	污水收集	水量风险	• 污水收集率不高导致的风险 • 污水来水量不稳定导致的风险
生产环节	进厂水源	水质风险	• 污水处理厂意外事故排放 • 不法企业偷排污水 • 不同的污水处理厂处理工艺不同，导致出水不符合要求
	进厂水量	水量风险	• 水源水量变化也会增加再生水利用设施日常运行的操作难度
	生产过程	水质风险 水量风险	• 再生水不同的处理工艺流程、单元技术或参数不合理等导致的运行不稳定，出现水质波动风险，可能会有部分指标水质不稳定 • 季节温度变化 • 设备质量或检修、停电事故、其他突发事件导致再生水生产的水质风险和水量风险 • 工程设计存在缺陷，引起运行不稳定，造成水质水量风险
输配水环节	输配管道	水质风险	• 在储存、管网输配过程中，再生水中的氯离子、无机盐、铁、悬浮物、病原微生物等造成管道壁腐蚀，管网末端堵塞，内壁结垢，可能发生水质劣化，威胁再生水的安全
	断电事故、管道维修、管道误接等	水量风险 水压风险 水质风险 健康风险	• 再生水生产后需要进行储存、加压输送，在输送过程中可能会因为供电中断导致供水水量中断风险 • 在输送过程中可能会因为管道破裂、施工破坏等因素造成供水中断，导致供水水量中断风险 • 在再生水管网进入小区之后，可能由于装修或物业施工，导致管道错接、乱接，影响居民饮水安全

续表

环节	类别	风险类型	潜在风险
使用环节	农林牧渔业	水质风险 健康风险 生态风险	• 污染土壤、损害农作物、危害粮食安全、污染地下水、增加污染物在渔业产品的体内富集
	工业用水	水质风险	• 管道腐蚀、水垢，甚至影响产品质量等
	城市杂用	水质风险 水生态风险 健康风险	• 由于再生水中还存在一定的污染，在使用中，与人群接触，存在一些呼吸、皮肤接触等风险，影响居民健康，影响感官（臭味、变色） • 影响部分植物生长，污染土壤和地下水
	景观	水质风险 水生态风险 健康风险	• 再生水利用风险主要有水体富营养化（水华）、有毒物质在底泥和地下水中积累，损害水生生物 • 通过接触、呼吸等途径危害职工和游客健康
	地下水	水质风险	• 再生水存在病原微生物、重金属、有毒物质、硝酸盐、亚硝酸盐等会污染地下水

4. 使用环节的潜在风险

再生水的使用环节是指从再生水管网末端到用户的全过程。直接利用是有计划、有意识地将再生水通过管网直接用于需水部门，如工业、城市非饮用、景观环境等方面。《再生水水质标准》对再生水利用的不同用途明确相应的水质标准。

（二）明确安全监管的内容和手段

再生水利用具有潜在的健康、生态风险，可能直接影响公众的身体健康和环境，无论是从政府还是用户的角度，对于再生水安全监管都是基于减少或消除再生水利用潜在的风险，确保再生水利用的安全性。安全监管应围绕以下重点内容开展：

1. 再生水的水质安全监管

推广再生水利用的一个重要制约因素是用户的可接受程度，其根源在于用户对水质安全的顾虑。要确保再生水水质安全,首先要保证再生水从生产到进入再生水输配管网,再到用户全过程主要环节的水质安全。主要是通过再生水厂水质不定期检测与长期监测、再生水输配管网巡查抽检等机制建设,加强政府与用户监督。一方面,要保证日常供水达到水质安全的要求;另一方面,要对突发事件进行预警和有效的应急处置。

2. 再生水的使用领域监管

再生水作为潜在的增量水资源,具有水源稳定、成本较低的特点,使用再生水可以减少污染物的排放,一定条件下使用能够有效节约成本,在水资源短缺且无法为经济社会增长提供常规水源增量的缺水地区、地下水超采区和京津冀地区,以及水污染严重地区,重点发展再生水十分必要。在这些地区,应明确再生水必须使用的领域,如工业生产、城市绿化、道路清扫及生态景观等用水,洗车等行业要优先使用再生水。

3. 再生水的安全使用监管

再生水对人体健康的风险直接影响用户对再生水的接受程度。用于冲厕、道路清扫、城市绿化、车辆清洗等使用领域,对人体健康造成的潜在风险最为直接,将会直接导致健康危害。在这些领域,对于用户的安全使用应采取有效措施。

4. 再生水利用的长期安全风险监管

我国大部分地区尚未实现生活污水和工业废水收集系统的分开,导致污水水质差异化较大,许多工业废水中含有难以处理的多类物质,如重金属污染物,在后期的再生处理中难以去除,如用于农业灌溉、地下水回灌,可能带来的生态、健康影响是长期的。目前对于再生水对生态系统健康、长期的安全风险关注不是很充分,再生水用于环境与景观利用的风险监控也尚未开展。

(三)健全再生水利用安全监管体制

水行政主管部门应将再生水纳入水资源统一配置,通过严格水资源论证与取水许可，强化计划用水管理，在可以使用再生水的领域，替代常规水源。

环境保护部门需完善再生水水质安全管理，按照职责定期对再生水水质进行监测，确保其符合环境要求。同时负责再生水处理过程中产生的污泥和其他排放物处置监管。监督再生水运营单位污泥处置过程，防止产生新的污染。

市政建设和管理部门应加强对全国城镇排水与污水处理的监督工作，指导城镇污水处理设施和管网配套建设。

卫生防疫部门应完善再生水水质安全管理，按照职责定期对再生水水质进行监测，以确保其符合人体健康要求，并对再生水利用可能引发的突发事件做出应急预案和响应措施。

安全生产监督管理部门应按照《作业场所职业健康监督管理暂行规定》等法律规定，完善再生水生产过程中的职业危害安全管理，监督再生水设施运营单位在进行实施作业时安全防护措施的有效性和落实情况。

（四）完善再生水的水质检测与监测制度

水行政主管部门应会同环保、住建等部门建立再生水水质安全监控体系，分级开展再生水水质定期监测与长期监测机制，并对再生水运营单位的日常水质检测数据进行核查。

（1）加强再生水水质的日常检测，实现再生水厂出水实时监测。各级生态环境部门应与再生水厂的自动监测设备联网，实时监测再生水厂的出水水质。

（2）加强水质检测机构的定期抽样制度。生态环境部门定期对再生水厂出水水质进行抽样，并送往当地生态环境部门的水质监测中心。

（3）建立第三方对再生水水质进行抽检制度。政府部门在进行水质监管的过程中，应在明确不同用途再生水的监管依据、标准、重点及措施的基础上，有针对性地选择和授权有资质的第三方检测单位对污水原水、再生水水质进行定期抽检，提高水质检测的公信度和专业水平。

（4）建立健全再生水水质达标评价制度，规范再生水厂出水、再生水管网输水水质、再生水管网末梢水质的检验指标、规程以及奖惩标准，对再生水生产企业服务质量进行综合评估，并建立相应的奖励或处罚制度。

（五）建立健全再生水安全使用制度

再生水作为一种特殊的商品，具有一定的潜在风险，为了强化用户的安全使用意识，应建立再生水安全使用制度。

（1）明确用户不得擅自改变再生水的用途。用户在使用再生水时，应按照再生水的水质标准合理使用，确保用水安全；不能超范围使用再生水，更不能低标准水用于高标准用途。

（2）明确再生水用户内部再生水供水系统的安全要求。再生水供水系统和自来水供水系统应当相互独立，再生水设施和管线应当有明显标识，禁止个人改接、私接再生水管道，擅自变动供水系统的使用性质。明确只有供水企业才能进行再生水的接水、供水工作。

（3）对用作城市景观等公共水体设立醒目的标识。在再生水的公园、景观用水地点，设立醒目标识，提醒市民不能游泳、戏水、钓鱼等，从而减少一定的健康风险。

（六）构筑有效的安全监管机制

1. 多部门协调协作工作机制

（1）水利部门应与城建、环保、卫生等相关部门在各自的职责范围内，对再生水生产设施与污水处理设施的对接、再生水水质标准、再生水水质检测等内容交换意见，明确与相关部门的合作要求。

（2）建立再生水出厂水质监测信息共享和联动机制。水利、环保协调共建再生水利用监测信息共享平台，统一再生水利用水质水量监测标准、监测手段和分析方法等，共享水质监测信息，相关部

门同一平台下协作开展再生水利用安全监管工作。

（3）水利、生态环境部门建立协调机制，将排污与水功能区限制纳污总量结合起来。通过水利与生态环境部门建立协调机制，将限制纳污总量指标分解到区域内的排污源，督促企业提高污水排放标准，确保再生水供水水源的安全性。

此外，加强再生水利用安全监管执法协作，充分发挥执法部门的整体合力。

2. 再生水利用的第三方监督机制

第三方监督机制是指由独立于再生水企业之外的第三方质量监（检）测机构对再生水企业的运行进行监管的一种监督机制。第三方质量监（检）测机构具有人员专业性更强、知识结构与技术设备更新更快的优势，目前在北京、济南、昆明等一些城市已经开始引入具有独立法人资格的第三方检测机构，专门开展再生水水质监测与检测服务，显示出良好的效果。2005年《加强市政公用事业监管的意见》的出台，有效的再生水水质监测成为日益关注的问题。

（1）选择和授权有资质的第三方检测单位。政府部门在进行水质监管的过程中，应有针对性地选择和授权有资质的第三方检测单位，如有资质的科学研究机构、社会检测公司等独立第三方机构，对污水处理厂的原水、再生水水质进行定期抽检，建立水质监测执行及结果核定等领域的社会化运营模式，确保数据客观公正，并发挥中立的第三人作用，为水资源保护活动提供外部约束。充分利用第三方的检测检验等技术服务。

（2）利用合同要求约定对第三方机构的要求。可以借鉴北京、济南等地的做法，通过招投标的方式，以公开招投标方式向市场购买监测服务，选择技术力量雄厚的再生水监测机构，对再生水厂的出水水质、再生水厂的运行监管可委托给有资质条件专业的、独立第三方来进行。提高水质检测的公信度和专业水平。

（3）监管部门应加强对第三方监测机构的执法措施。再生水利用监管部门在授权有资质的第三方检测单位对污水原水、再生水水质进行监测后，还定期对第三方的服务进行抽检，以提高监督检查的公信力。

3. 健全安全预警和突发事件应急管理机制

应急管理能够确保再生水利用管网设施在生产、输配、使用任何环节出现突发事件之后，第一时间发布警告，迅速有效地将其经济损失降到最低程度。再生水利用应急管理以确保再生水安全使用为原则，在政府指导下明确应急预案、快速反应机制等。

（1）设置完善的应急管理指挥系统并提升应急救援相关人员的综合能力。需要再生水利用主管部门配合城市突发事件应急管理有关部门共同建立应急管理指挥系统和一支训练有素的技术抢险队伍。加大培训力度，提高再生水生产企业与再生水用户应对各项可能的突发事件的能力。

（2）制定科学且强有力的应急预案。首先开展再生水利用风险评估，明确避免再生水利用发生重大风险和降低风险至可接受水平而设计的措施、行动与过程。然后再生水利用主管部门、监管部门根据风险评估结果，制定应急预案，明确再生水利用突发事件中有关各方责任及应采取措施；并要求各地再生水生产企业在再生水利用监管部门指导下起草应急预案，并予以备案。

（3）完善再生水利用安全预警机制和快速响应机制。建立包括政府、再生水生产企业、再生水用户在内的全方位的再生水利用安全预警机制，强化对再生水利用安全险情的预警、预报的能力建设。同时建立与城建、环保、市政等部门之间多方协调、快速响应的机制，明确责任划分，明确预案启动程序，备用水源供应计划、险情公布机制等，做好不定期演练工作。

（4）完善突发事件后续评价体系。建立完善的再生水用户信息反馈渠道，通过建设、管理、维护行业网站和其他信息平台，及时获取用户反馈信息。建立完善的再生水利用损失评价体系，并完善

相关补偿政策，对用户因再生水利用遭受的损失予以补偿。

4. 完善社会监督机制

再生水生产作为一种企业行为，其安全生产应受到政府的监管，同时也需要受到社会公众，特别是用水户的监督。通过社会的广泛监督，进一步规范再生水生产企业的安全生产行为，提高再生水企业的供水安全。

建立社会监督机制，主要是联合多部门开展宣传、教育活动，增强公众参与意识，拓展参与渠道；利用信息化系统，建立公众投诉、举报的信息平台。①加强专项宣传，联合环保、住建、卫生等部门开展宣传、教育活动，通过主流电视台、报纸、微信等对再生水利用的安全性、重要性、必要性、手段等进行专项宣传，不定期举办摄影、知识竞赛等活动，形成全社会的共同认识，强化社会监督；②推动再生水利用的民主监督和公众参与，逐步推进再生水水质检测信息发布和公开，建立信息发布平台，审核、发布公开信息，受理、处置、督办服务投诉，提高服务管理透明度，促进再生水利用服务水平的提升；③联合多部门开展宣传、教育活动，增强公众参与意识，拓展参与渠道；④加大再生水水质信息公开力度，利用信息化手段，建立公众投诉、举报的信息平台。

第五章

再生水利用相关技术标准

再生水水质标准是关系到公众健康、生产安全和维系再生水利用事业发展的关键。我国关于再生水利用的理论研究和实践始于"六五"期间，首部关于再生水的标准发布于 1989 年，2000 年以后，国家陆续颁布了城市污水再生利用标准。目前国家和地方已颁布了 30 余部再生水利用相关技术标准和设计规范，考虑了用水户需求、污水处理厂排放标准、现有技术水平、处理成本等诸多因素，不仅规范了污水再生利用设计工作，也为城市污水再生利用工程设计、建设、运行提供了依据，对推动我国尤其是北方缺水城市的再生水利用，缓解我国水资源短缺，促进水资源循环利用起到了重要技术指导作用。

第一节　技 术 标 准 现 状

据不完全统计，我国再生水利用相关技术标准主要有 34 部，其中国家标准 13 部、行业标准 9 部、地方层面的技术标准 12 部。具体情况见表 5－1。

表 5 - 1　　　　　　　　再生水利用相关标准情况

序号	标 准 名 称	编号	类型	发布单位
1	《再生水水质 铬的测定 伏安极谱法》	GB/T 37905—2019	国家标准	国家市场监督管理总局、国家标准化管理委员会
2	《再生水水质 汞的测定 测汞仪法》	GB/T 37906—2019		
3	《再生水水质 硫化物和氰化物的测定 离子色谱法》	GB/T 37907—2019		
4	《城镇污水再生利用工程设计规范》	GB 50335—2016	国家标准	住房和城乡建设部、原国家质量监督检验检疫总局
5	《再生水中化学需氧量的测定 重铬酸钾法》	GB/T 22597—2014		原国家质量监督检验检疫总局、国家标准化管理委员会
6	《城市污水再生回灌农田安全技术规范》	GB/T 22103—2008		
7	《城市污水再生利用 农田灌溉用水水质》	GB/T 20922—2007		
8	《城市污水再生利用 工业用水水质》	GB/T 19923—2005		
9	《城市污水再生利用 地下水回灌水质》	GB/T 19772—2005		
10	《城市污水再生利用 城市杂用水水质》	GB/T 18920—2002		
11	《城市污水再生利用 分类》	GB/T 18919—2002		
12	《城市污水再生利用 景观环境用水水质》	GB/T 18921—2002		原建设部、原国家质量监督检验检疫总局
13	《建筑中水设计规范》	GB 50336—2002		
14	《城镇再生水厂运行、维护及安全技术规程》	CJJ 252—2016	行业标准	住房和城乡建设部
15	《再生水用于景观水体的水质标准》	CJ/T 95—2000		

序号	标准名称	编号	类型	发布单位
16	《火力发电厂再生水深度处理设计规范》	DL/T 5483—2013	行业标准	国家能源局
17	《循环冷却水用再生水水质标准》	HG/T 3923—2007		国家发展和改革委员会
18	《再生水中钙、镁含量的测定 原子吸收光谱法》	HG/T 4325—2012		工业和信息化部
19	《再生水中镍、铜、锌、镉、铅含量的测定 原子吸收光谱法》	HG/T 4326—2012		
20	《再生水中总铁含量的测定 分光光度法》	HG/T 4327—2012		
21	《城镇再生水利用规范编制指南》	SL 760—2018		水利部
22	《再生水水质标准》	SL 368—2006		
23	《安全生产等级评定技术规范 第65部分：城镇污水处理厂（再生水厂）》	DB11/T 1322.65—2019	地方标准	北京市市场监督管理局
24	《生态再生水厂评价指标体系》	DB11/T 1658—2019		北京市市场监督管理局
25	《再生水灌溉工程技术规范》	DB13/T 2691—2018		河北省质量技术监督局
26	《再生水灌溉工程技术规范》	DB15/T 1092—2017		内蒙古自治区质量技术监督局
27	《再生水热泵系统工程技术规范》	DB11/T 1254—2015		北京市质量技术监督局
28	《再生水灌溉绿地技术规范》	DB62/T 2573—2015		甘肃省质量技术监督局
29	《城市再生水供水服务管理规范》	DB12/T 470—2012		天津市质量技术监督局

续表

序号	标准名称	编号	类型	发布单位
30	《再生水农业灌溉技术导则》	DB11/T 740—2010		北京市质量技术监督局
31	《再生水、雨水利用水质规范》	SZJG 32—2010		深圳市市场监督管理局
32	《再生水灌溉绿地技术规范》	DB11/T 672—2009	地方标准	北京市质量技术监督局
33	《天津市再生水设计规范》	DB 29-167—2007		天津市建设委员会
34	《太原市绿色经济园区再生水利用技术要求》	DB14/T 505—2008		山西省质量技术监督局

一、技术标准制定情况

(一) 国家标准

2002年以来，原国家质量监督检验检疫总局、国家标准化管理委员会发布了"城市污水再生利用系列标准"，共6部：①《城市污水再生利用 分类》（GB/T 18919—2002），规定了污水再生利用类别及其应用范围，包括农、林、牧、渔业用水，城市杂用水，工业用水，景观环境用水，补充水源水等；②《城市污水再生利用 城市杂用水水质》（GB/T 18920—2002），适用于城市绿化、冲厕、道路清扫、车辆冲洗、建筑施工、消防等用水；③《城市污水再生利用 景观环境用水水质》（GB/T 18921—2002），适用于娱乐性景观环境、观赏性景观环境、湿地环境等用水，满足缺水地区对娱乐性水环境的需要；④《城市污水再生利用 地下水回灌水质》（GB/T 19772—2005），适用于补充地下水与补充地表水等补充水源用水；⑤《城市污水再生利用 工业用水水质》（GB/T 19923—2005），适用于工业用水，诸如冷却用水、洗涤用水、锅炉用水、工艺用水、产品用水等；⑥《城市污水再生利用 农田灌溉用水水质》（GB/T 20922—2007），适用于农田灌溉、造林育苗等用水。此外，还有《城市污水再生回灌农田安全技术规范》（GB/T 22103—2008），适用于以城市再生水为水源的农田灌溉区；《再生水中化学需氧量的测定 重铬酸钾法》（GB/T 22597—2014），适用于再生水中化学需氧量（COD）的测定，测定范围为 5～100mg/L（以 O 计）。

国家市场监督管理总局、国家标准化管理委员会颁布了以下标准：①《再生水水质 铬的测定 伏安极谱法》（GB/T 37905—2019），适用于再生水中铬的质量浓度范围为 1.0～100μg/L 的测定，也适用于生活饮用水、地表水、污水中总铬、六价铬以及三价铬的测定；②《再生水水质 汞的测定 测汞仪法》（GB/T 37906—2019），适用于再生水中汞含量为 0.1～100μg/L 的测定（浓度超过100μg/L 需稀释后测定），也适用于地表水、废水中汞含量的测定；③《再生水水质 硫化物和氰化物的测定 离子色谱法》（GB/T 37907—2019），适用于再生水中硫化物和氰化物含量的测定，测定范围为 0.5～100μg/L（浓度超过 100μg/L 时需稀释后测定），也适用于地表水、饮用水中硫化物和氰化物含量的测定。

原建设部和原国家质量监督检验检疫总局颁布了以下标准：①《污水再生利用工程设计规范》（GB 50335—2002，已废止）；②《建筑中水设计规范》（GB 50336—2002），适用于各类民用建筑和建筑小区的新建、改建和扩建的中水工程设计。工业建筑中生活污水、废水再生利用的中水工程设计，可参照执行。住房和城乡建设部颁布了《城镇污水再生利用技术指南》（试行），适用于城镇集中型污水处理再生利用技术方案选择，涵盖城镇污水从收集、处理到再生利用全过程的管理，指导城镇污水再生利用的规划以及设施的建设、运行、维护及管理。

住房和城乡建设部和原国家质量监督检验检疫总局颁布了《城镇污水再生利用工程设计规范》（GB 50335—2016），适用于以景观环境用水、工业用水水源、城市杂水、绿地灌溉用水、农田灌溉用水和地下水回灌用水等为污水利用途径的新建、扩建和改建的污水再生利用工程设计。

（二）行业标准

目前国家有关部门颁布的再生水利用相关行业标准有9部。

住房和城乡建设部颁布的《城镇再生水厂运行、维护及安全技术规程》（CJJ 252—2016），适用于以城镇污水或污水处理厂二级处理出水为水源的城镇污水再生利用设施的运行、维护与安全管理；《再生水用于景观水体的水质标准》（CJ/T 95—2000），适用于进入或直接作为景观水体的二级或二级以上城市污水处理厂排放的水。

国家能源局颁布的《火力发电厂再生水深度处理设计规范》（DL/T 5483—2013），适用于火力发电厂的再生水深度处理系统工艺部分的设计。

国家发展和改革委员会批准的化工行业标准《循环冷却水用再生水水质标准》（HG/T 3923—2007），适用于以再生水作为循环冷却水的补充水。

工业和信息化部颁布的《再生水中钙、镁含量的测定 原子吸收光谱法》（HG/T 4325—2012），适用于再生水中钙含量范围为 $0.5\sim25mg/L$、镁含量范围为 $0.1\sim5mg/L$ 的测定，对于钙、镁含量高的再生水水样，可稀释后测定；《再生水中镍、铜、锌、镉、铅含量的测定 原子吸收光谱法》（HG/T 4326—2012），适用于镍含量 $0.01\sim10mg/L$、铜含量 $0.01\sim10mg/L$、锌含量 $0.005\sim5mg/L$、镉含量 $0.005\sim5mg/L$、铅含量 $0.01\sim10mg/L$ 范围的测定，该方法不适用于化学需氧量（COD）超过 $500mg/L$ 的再生水；《再生水中总铁含量的测定 分光光度法》（HG/T 4327—2012），适用于测定铁的浓度范围为 $0.01\sim5mg/L$，铁浓度高于上述标准时可将样品稀释后测定，也适用于再生水中可溶性铁含量的测定。

水利部颁布的《城镇再生水利用规范编制指南》（SL 760—

2018），适用于指导城镇再生水作为工业生产、城市杂用、景观环境、农业灌溉等用途的规划编制，工业园区、经济技术开发区、产业集聚区及其他区域再生水利用规划编制可参照执行；《再生水水质标准》（SL 368—2006），适用于地下水回灌、工业、农业、林业、牧业、城市非饮用、景观环境用水使用的再生水。

（三）地方标准

据不完全统计，地方再生水利用相关技术标准有 12 部，分别为北京市市场监督管理局（原北京市质量技术监督局）颁布的《安全生产等级评定技术规范 第 65 部分：城镇污水处理厂（再生水厂）》（DB11/T 1322.65—2019）、《生态再生水厂评价指标体系》（DB11/T 1658—2019）、《再生水热泵系统工程技术规范》（DB11/T 1254—2015）、《再生水农业灌溉技术导则》（DB11/T 740—2010）、《再生水灌溉绿地技术规范》（DB11/T 672—2009）；原河北省质量技术监督局颁布的《再生水灌溉工程技术规范》（DB13/T 2691—2018）；原内蒙古自治区质量技术监督局颁布的《再生水灌溉工程技术规范》（DB15/T 1092—2017）；原甘肃省质量技术监督局颁布的《再生水灌溉绿地技术规范》（DB62/T 2573—2015）；原天津市建设委员会颁布的《天津市再生水设计规范》（DB29‑167—2007）、原天津市质量技术监督局颁布的《城市再生水供水服务管理规范》（DB12/T 470—2012）；深圳市市场监督管理局颁布的《再生水、雨水利用水质规范》（SZJG 32—2010）；山西省原质量技术监督局颁布的《太原市绿色经济园区再生水利用技术要求》（DB14/T 505—2008）。

其中，深圳市市场监督管理局颁布的《再生水、雨水利用水质规范》（SZJG32—2010）比国家相关标准要求更高，水质控制指标分为基本控制指标和选择性控制指标两类，共 77 项。基本控制指标包括感官性状及一般物理、化学指标 22 项，微生物指标 4 项，剩余消毒剂指标 2 项，共 28 项；选择性控制指标主要为毒理学水质指标，共 49 项。将《再生水、雨水利用水质规范》（SZJG 32—2010）

与《生活饮用水卫生标准》（GB 5749—2006）进行比较，可知《再生水、雨水利用水质规范》基本控制指标与《生活饮用水卫生标准》水质常规指标相比，共同指标有 17 项，其中 13 项指标限值一致，4 项指标略低，分别为：浊度前者为 3NTU，后者为 1NTU；色度前者为 30 度，后者为 15 度；耗氧量前者的 COD 为 30mg/L，后者的 COD_{Mn} 为 3mg/L；阴离子表面活性剂前者为 0.5mg/L，后者为 0.3mg/L。

二、技术标准执行情况

（一）《城市污水再生利用 工业用水水质》（GB/T 19923—2005）

工业冷却水在再生水回用中用水量较大，较为稳定。《国家发展改革委关于燃煤电站项目规划和建设有关要求的通知》（发改能源〔2004〕864 号）要求"在北方缺水地区，新建、扩建电厂禁止取用地下水，严格控制使用地表水，鼓励利用城市污水处理厂的中水或其他废水"，该通知对于促进再生水资源的利用具有重要意义。为缓解国家电力资源紧张的局面，近年各地集中建设了一批热电厂，使得再生水利用在电力行业具有较为广阔的前景。根据已完成再生水资源利用规划的城市情况看，工业冷却水的比例最高。

综合考虑腐蚀、氯耗、微生物控制等因素，可将再生水回用于工业循环冷却水的氨氮浓度控制在 5mg/L 以下，该值与《城市污水再生利用 景观环境用水水质》（GB/T 18921—2002）中规定的氨氮指标值相同，也与《城镇污水处理厂污染物排放标准》（GB 18918—2002）中的一级 A 标准相同，如再生水同时回用于景观环境用水和循环冷却水时，不需额外增加费用。

在《城市污水再生利用 工业用水水质》（GB/T 19923—2005）标准执行过程中，有难度的指标还有溶解性总固体和 Cl^-，个别沿海城市溶解性总固体和 Cl^- 指标偏高，用于工业冷却水和城市杂用水时需要经过脱盐处理，而脱盐处理需要经过复杂的预处理，所以如果原水中 Cl^-、溶解性总固体超标，再生水的制水成本会大幅提高，因此，溶解性总固体和 Cl^- 成为影响再生水回用经济性的主要指标之一。对于个别溶解性总固体和 Cl^- 指标很高的城市，如个别城市污水中的含盐量达到 $1.02 \times 10^4 \, mg/L$，采用这种水质的污水作为再生水水源，处理成本太高，再生水的竞争优势明显降低。

（二）《城市污水再生利用 景观环境用水水质》（GB/T 18921—2002）

《城市污水再生利用 景观环境用水水质》（GB/T 18921—2002）制定时出于满足缺水地区对娱乐性水环境的需要，兼顾再生水厂的处理成本，其指标值相对于《地表水环境质量标准》（GB 3838—2002）中的营养盐指标值较为宽松，氨氮的指标标准为 5mg/L，总氮指标标准为 15mg/L。尽管如此，对于污水处理厂尤其是按照《污水综合排放标准》（GB 8978—1996）或更早的标准建设的污水处理厂而言，达到上述标准难度依然很大。尤其是随着人民群众生活水平提高和节水意识增强，近些年北方一些缺水城市污水处理厂进水水质浓度偏高，个别污水处理厂进水 COD_{Cr} 年平均值接近 500mg/L，氨氮年平均值接近 50mg/L，有的甚至更高。不少按照 GB 8978—1988 标准设计的污水处理厂出水氨氮难以达到 25mg/L 的要求，一般在 30mg/L 以上，个别甚至高达 70mg/L 以上，使得再生水达标的难度增加。

《城市污水再生利用 景观环境用水水质》（GB/T 18921—2002）对停留时间的规定大于藻类的世代周期，宜缩短水力停留时间，以控制水华发生。由于藻类在生长过程中优先吸收氨氮和无机磷，因此建议再生水以氨氮作为控制指标，磷的控制以无机磷作为控制指标。再生水水质标准中氮磷的浓度规定值偏高，一些景观水体再生水回用量大，水体稀释能力差，长期使用再生水易引起营养盐积累，因此建议再生水中营养盐的标准应考虑这一因素。对全部采用再生水补充的水体，氨氮浓度宜降低到 1mg/L（以 20℃计）以下、总磷浓度宜降低到 0.1mg/L 以下。

按照景观环境用水的再生水水质，污水处理厂出水执行《城镇污水处理厂污染物排放标准》（GB 18918—2002）一级 B 标准，则氨氮和总氮指标的差异分别为 3mg/L 和 5mg/L；污水处理厂出水执行二级标准，则氨氮指标的差异为 20mg/L，总氮指标的差异更大。以上再生水厂需要削减的氨氮和总氮浓度偏大，再生水处理工艺需要增加生物处理段，且一般需要投加碳源，工程投资和运行成本将大大增加。污水处理厂出水水质执行一级 A 标准，则氨氮和总氮指标可以满足再生水回用于景观环境用水的水质要求。为降低再生水厂的处理成本，发挥污水处理厂、再生水厂的综合效益，污水处理厂出水最好能够达到一级 A 标准，否则单纯依靠后续再生水处理工艺，达到上述指标难度较大，也不经济。

（三）再生水地下回灌水质标准

再生水地下回灌通常有地表回灌和井灌两种方式。再生水地下回灌的水质标准应随回灌区水文地质条件、回灌方式、回灌目的的差异而不同，制定统一的地下回灌水质标准比较困难。就再生水地下回灌而言，国外部分国家要求回灌水质应优于饮用水水质，多数国家因担心污染地下水源而对地下回灌，特别是作为饮用水源的再生水地下回灌持谨慎甚至反对态度。多数国家对回灌地下的再生水水质提出指导性原则，各地区根据实际情况分别制定了具体标准。例如，德国规定回灌再生水的水质不低于回灌区地下水的水质，以色列规定回灌后水质应满足饮用水水质要求。美国国家标准中规定回灌水质不低于饮用水标准，各州标准不低于国家标准。我国于 2005 年 11 月实施的再生水回灌水质标准《城市污水再生利用 地下水回灌水质》（GB/T 19772—2005），规定了 21 项常规检测指标和 52 项非常规检测指标。

第二节 存在的主要问题

随着我国再生水利用相关科学研究的不断深入，再生水处理与监测技术不断进步，但相关技术标准仍有进一步完善的空间。目前，我国再生水水质标准缺乏系统性，各技术标准之间关联性小，标准体系相对不完善，还有部分类别的再生水缺乏适用的水质标准；我国再生水分类与国外类似，但未将人类健康风险考虑在内，微生物指标相对宽松，特别是用于农业灌溉、地下水回灌等再生水的水质与监测要求，与其他国家标准相比偏低，一些风险较高的新型污染物仍未涉及，加大了地下水污染和农业食品安全的风险。

一、相关技术标准内容方面

（一）分类不统一

《城市污水再生利用 分类》（GB/T 18919—2002）中将环境用水分为三类：娱乐性景观环境用水、观赏性景观环境用水、湿地环境用水，但《城市污水再生利用 景观环境用水水质》（GB/T 18921—2002）中仅将景观环境用水分为观赏性景观环境用水和娱乐性景观环境用水，未分列湿地环境用水水质。

（二）指标名称不统一

《城镇污水再生利用工程设计规范》（GB 50335—2016）4.2.2条列举的"再生水用作冷却用水的水质控制指标"与《城市污水再生利用 工业用水水质》（GB/T 19923—2005）中的指标不同，名称也不一致，比如在《城镇污水再生利用工程设计规范》（GB 50335—2016）中称为"循环冷却系统补充水"，而在再生水用作工业用水水源的水质标准中称为"敞开式循环冷却水系统补充水"，在执行过程

中容易使设计人员、再生水的供需双方无所适从。

（三）分析方法不统一

对于氨氮的测定，《城市污水再生利用 景观环境用水水质》（GB/T 18921—2002）要求使用蒸馏滴定法（GB/T 7478—1987）测定，《城市污水再生利用 城市杂用水水质》（GB/T 18920—2002）要求使用纳氏试剂比色法（GB/T 5750—2006）测定；色度在《城市污水再生利用 城市杂用水水质》和《城市污水再生利用 景观环境用水水质》（GB/T 18921—2002）中采用铂钴标准比色法（GB/T 5750—2006）测定，《城市污水再生利用 工业用水水质》（GB/T 19923—2005）中要求用稀释倍数法（GB/T 11903—1989）测定。

（四）部分指标缺失

随着生活水平提高，人们对再生水回用的安全性提出了更高要求。重金属、农药、有机污染物、内分泌干扰物等指标对人体健康有较大的潜在影响，但除了在《城市污水再生利用 景观环境用水水质》（GB/T 18921—2002）中以"选择控制项目最高允许排放浓度（以日均值计算）"的方式列出了部分上述指标之外，在其他几项再生水水质标准中未考虑同类的污染物。

（五）水质监管要求缺失

大部分再生水利用技术标准未对再生水水质的监管提出明确要求，只有《城市污水再生利用 工业用水水质》（GB/T 19923—2005）要求"当再生水用作工业冷却水时，循环冷却水系统检测管理参照《工业循环冷却水处理设计规范》（GB 50050—2007）的规定执行"。

二、相关技术标准执行方面

目前，我国再生水厂的进水来源有两种：一种是未经城镇污水处理厂处理的污水；另一种是城镇污水处理厂的出水。以前者作为水源的再生水厂，实际是将污水处理厂和再生水厂合并在一起，不存在再生水水质标准与污水处理水质标准的衔接问题。我国大部分地区生活污水和工业废水收集系统尚未分开，污水水质差异化较大，许多工业废水中含有难以处理的多类物质，导致再生水厂出水水质不稳定。以城镇污水处理厂出水为进水的再生水厂，存在再生水水质标准与污水处理水质标准的衔接问题。目前，我国城镇污水处理厂出水水质的排放标准遵行《城镇污水处理厂污染物排放标准》（GB 18918—2002），该标准规定"根据城镇污水处理厂排入地表水域环境功能和保护目标，以及污水处理厂的处理工艺，将基本控制项目的常规污染物标准分为一级标准、二级标准、三级标准。一级标准分为 A 标准和 B 标准。一类重金属污染物和选择控制项目不分级"。我国还未颁布明确的再生水厂进水水质标准，污水处理厂一级 A 标准的出水一般能满足再生水进水水质要求，但是一级 B 标准，特别是二级标准和三级标准的出水和再生水水质标准还有差距，会增加再生水厂的运行成本，扩大再生水厂运营的风险，还可能导致再生水厂水处理设施维护费用增加和使用寿命缩短，甚至直接损害设施，从而对再生水厂安全运行造成危害。

根据国家污水再生利用各类用水水质标准，部分城区再生水主要回用于城市杂用水、景观环境用水和工业用水，综合三类（城市杂用水、观赏性景观环境用水、工业用水）再生水利用的水质标准，共有 25 项控制指标、50 项选择控制指标。而按照《城镇污水处理厂污染物排放标准》（GB 18918—2002）要求，污水处理厂执行的基本控制项目主要有 19 项，包括影响水环境和城镇污水处理厂一般处理工艺可以去除的常规污染物 12 项，以及部分一类污染物 7 项；选择控制项目包括对环境有长期影响或毒性较大的污染物，共计 43 项。原则上，污水排放标准中规定的控制水质指标应不少于再生水水质要求，但是实际上再生水控制水质指标数量多于污水排放标准指标，在常规指标（浊度、溶解性总固体、溶解氧）以及离子性指标（铁、锰、总硬度、总碱度、氯化物、二氧化硅、硫酸盐）

等方面存在差异。

例如，关于粪大肠菌群和总大肠菌群指标，在城市杂用水标准中要求总大肠菌群不大于 3 个/L，工业用水和环境用水标准中要求粪大肠菌群不大于 2000 个/L。实际上，当总大肠菌群不大于 3 个/L时，粪大肠菌群不大于 2000 个/L。关于浊度和悬浮物，城市杂用水和工业用水标准中要求浊度不大于 5NTU，观赏性景观用水标准要求悬浮物不大于 10mg/L。由于浊度和悬浮物具有相关性，浊度能够更加直接地表示水的感官效果（清澈程度），同时考虑浊度指标比悬浮物指标的检测工作量少，因此可在实际工作中只考虑浊度这一指标。

关于氨氮和总氮，富营养化是再生水回用于景观水体的最大障碍，一般认为氮、磷是富营养化的控制指标，目前城市污水再生利用的杂用水、景观用水、工业用水水质标准中都有氨氮指标。根据用水特点，冬季景观用水量较少，氨氮可控制在 10mg/L 以下，其余时间应控制在 5mg/L 以下。

对于总氮，只有景观用水中要求其浓度在 15mg/L 以下。对于目前污水再生处理工艺而言，对氨氮和总氮的去除率较低，污水处理厂出水水质达到《城镇污水处理厂污染物排放标准》（GB 18918—2002）的一级 A 标准才能满足，与目前部分污水处理厂升级改造至一级 B标准相矛盾。

对于余氯和总余氯，《城市污水再生利用 城市杂用水水质》（GB/T 18920—2002）要求"总余氯接触 30min 后不小于 1.0mg/L，管网末端≥0.2mg/L"；《城市污水再生利用 景观环境用水水质》（GB/T 18921—2002）和《城市污水再生利用 工业用水水质》（GB/T 19923—2005）中要求余氯不小于 0.05mg/L。从定义上来讲，余氯应指总余氯，包括游离性余氯和化合性余氯，而景观环境用水标准中规定的余氯监测方法为水质游离氯和总氯的测定 N，N-二乙基-1，4 苯二胺分光光度法（HJ 586—2010），此方法检测的只是游离性余氯，容易使人误解，这两个指标应在"景观环境用水"和"工业用水"标准中予以明确。比如色度，污水处理厂出水色度采用稀释倍数法检测，再生水出水色度采用铂钴比色法检测，造成了指标限值单位的不统一，以及"倍"和"度"的差异。另外，两者在水质项目上也存在差异。

在我国，以污水处理厂出水作为再生水厂进水的情况占据绝大多数，因此，必须十分重视再生水水质标准与污水处理标准的衔接问题，注意污水处理厂入水水质问题，避免因前一环节存在问题，造成后一环节在运行中遭遇困难和损失。

三、与国外相关技术标准对照方面

（一）部分水质标准要求偏低

我国对于再生水的管理主要基于相关水质标准开展，与世界其他国家相比，我国对于回灌地下水的再生水水质和监测要求偏低，特别是当回灌含水层具有潜在饮用功能时。当再生水回灌进入具有明确饮用功能地下水时，国外相关技术标准的基本要求是回灌水质达到饮用水标准。我国对地下水回灌水质监测项目分为基本控制项目和选择控制项目，对人体健康影响极大的有机污染物，如农药和重金属虽列入控制项目，但只作为选择控制项目，监测要求为半年1次，增大了再生水回灌区地下水的环境安全风险。

（二）标准内容不尽一致

为便于比较，将各国再生水回用标准统一划分为城市用水、农业用水、工业用水、景观环境用水和生活用水五大类。

1. 城市用水回用标准

我国的城市用水分类较细，各主要限值与其他国家差别不大，主要区别在于浊度指标限值偏低、微生物指标和余氯量的限值均较高，此外控制指标项目偏多，与之相似的情况还出现在欧盟AQUAREC项目的推荐标准中，指标项过多，但其微生物指标的限

值偏低。

2. 农业用水回用标准

各国对农业用水的分类都十分细致，分类情况也反映了各国制定标准时的实际情况。例如，我国农业用水主要侧重在农作物种植用水，而澳大利亚则包含了农林牧以及水产业，分类十分详尽。另外，我国的农业用水分类没有对农作物的食用方式进行区分，在执行过程中缺乏针对性和灵活性，不能很好地结合实际农业生产用途选择合适的再生水水质，同时也可能会给食品安全造成隐患。从指标限值看，我国 BOD、微生物指标的限值较高，SS 的限值相对宽松，但仍存在控制指标项目过多的问题。基于我国的农业现状，现行的农业用水回用标准执行难度较大，经济适用性和灵活性有待进一步加强。

3. 工业用水回用标准

相对其他国家，我国对工业用水的分类较为详细，主要指标限值与其他国家没有明显区别，但其他国家关于工业用水的分类主要集中于冷却用水。我国标准中提到的工艺与产品用水的指标限值是否能够真正满足实际的工业过程需求，仍需结合具体工业过程与工艺以及当地的实际条件和情况确定，同时，我国标准的控制指标太多，应适当削减，使之既能满足实际需求，又能减轻工业用再生水的处理成本。

4. 景观环境用水回用标准

其他国家的标准多数依据公众是否接触或者是否为限制性用水来划分，而我国对景观环境用水的分类存在不足，缺少对人体是否接触水体的区分，仅根据河道、湖泊、水景来区分水体，难以避免再生水补给水体后可能对人体造成的健康风险，应对分类做出调整和进一步细化。由于缺少前述的分类，我国景观环境用水标准中微生物指标限值的设置缺少针对性和灵活性，在实际执行过程中存在潜在的影响人体健康风险。

130

5. 生活用水回用标准

生活用水的回用方式对人体可能造成的健康风险更大。各控制指标限值需要综合考虑实际的水体、土壤以及回用方式，而我国目前的相关技术标准未对此进行较好区分，缺少针对性和灵活性，难以在执行中较好保障回灌水体周围人群的健康安全和生态环境质量。应结合各地实际情况选取合适的控制指标和限值，削减过多指标项，以便于实际执行。

第三节　进一步完善再生水利用技术标准的措施建议

根据《中华人民共和国标准化法》要求："标准实施后，制定标准的部门应根据科学技术的发展和经济建设的需要适时进行复审，标准复审周期一般不超过5年。"建议基于国内再生水利用相关技术标准指标的适应性，以及实际出水水质超标原因，结合生产实践、用户需求、用水安全、国内各地区经济社会发展水平差异、再生水利用工艺发展趋势等因素，对再生水利用相关技术标准的实际应用情况进行复审，并相应修改标准。

一、科学合理确定处理工艺和技术

再生水用途不同，采用的水质标准和处理方法亦不同。再生水处理工艺的选择应根据再生水用途及利用规模等因素，并考虑再生水技术工作原理、技术特性，经全面技术经济比较而确定。高效率、低投入、低运行成本、成熟可靠是选择城市再生水工艺应首要考虑的几个因素。

1. 再生水用于工业冷却用水

工业冷却水需水量大，水质要求一般不高，但要预防水质腐蚀、结垢的倾向。主要考虑的污染物指标是：氯化物、总硬度、氨氮、BOD_5、余氯、总碱度、铁、锰等。在技术经济制约程度不高的条件下，可选择纳滤、反渗透等技术；在需充分考虑技术经济性的条件下，微滤和超滤技术、混凝沉淀技术、曝气生物滤池技术等比较适合。

2. 再生水用于城市市政杂用水

市政杂用水对再生水水质要求相对较低，水量相对较大。主要考虑的污染物指标是：色度、嗅、浊度、余氯、BOD_5、总大肠菌群等。在技术经济制约程度不高的条件下，可选择纳滤、反渗透技术、微滤和超滤技术、混凝沉淀技术等。在需充分考虑技术经济性的条件下，混凝技术、曝气生物滤池技术的综合性能较好。

3. 再生水用于景观环境用水

再生水用于景观环境用水，应考虑其环境安全性。主要考虑的污染物指标是：色度、嗅、浊度、总大肠菌群、氨氮、余氯、BOD_5等。膜分离技术能有效保证生态安全性，但成本相对较高，在技术经济制约程度不高的条件下可以选用；如果只是回用于一般的景观用水，曝气生物滤池技术是更为合适的选择。

4. 再生水用于农业灌溉

由于用水量大和运行费用等因素，再生水用于农业灌溉一般应以物理处理为主，在出水水质较差时辅以生物处理，有针对性地去除水中的重金属及有毒物质，适当保留肥效。主要考虑的污染物指标是：余氯、氯化物、粪大肠菌群数、汞、镉、砷、铬铅、溶解性总固体等。生物处理采用曝气生物滤池技术为佳。

二、因地制宜选择再生水处理技术模式

城市再生水利用受到不同地区自然条件、经济条件等差异性因素的影响，需要充分结合各地区的特点，分析其地域差异因素对于再生水处理模式选择的影响，合理确定各地区的再生水处理

技术模式。

（一）地域差异因素对再生水处理模式选择的影响

（1）气候因素的影响。生物处理集成模式在环境温度较低的地区处理效率发挥不稳定。

（2）经济水平因素的影响。我国西部经济不发达地区的再生水处理工艺多采用投资成本较小的老三段集成处理模式；东部经济发达地区开展再生水利用较早的城市，逐渐形成以生物处理集成工艺为主，膜技术集成工艺为辅的多集成工艺并存的模式；东部经济发达地区开展再生水利用较晚的城市，从一开始就采用了以生物技术集成工艺为主，膜技术集成工艺为辅的模式。经济发达地区在土地投资成本和运行成本之间的权衡考量是影响再生水处理模式选择的关键所在。

（3）水资源条件因素的影响。水资源禀赋较差但是经济发达地区，其目前运行的再生水处理模式有多种类型并存；水资源禀赋较差但经济欠发达地区，多采用老三段技术集成模式；水资源禀赋较好且具有一定经济水平的城市，主要采用膜技术为核心的集成模式；水资源禀赋好经济条件一般的地区，其再生水回用规模很小，多采用物理技术和其他单元技术的集成模式。

（4）用量需求因素的影响。处理水量大的地区多采用生物技术与其他单元技术的集成模式；处理水量中等的地区多采用膜处理技术，生物滤池技术或膜生物反应器（MBR）和其他单元操作技术的集成模式；处理水量较小的地区多采用传统老三段技术和其他单元技术的集成模式。

（二）不同地区的再生水处理模式选择

东北地区，如哈尔滨、大连、长春、营口等城市，该地区水资源量较少，工业企业较多，水污染较严重，对再生水利用需求量较大。政府应当鼓励其污水尽可能地回用，根据不同用户用途进行不同工艺推荐，采用的处理模式应当首先满足大的工业用户的需求。

华北地区，如北京、天津、太原等地，人均 GDP 较高，属北方典型缺水城市，对再生水利用需求量较大，政府应当强制其污水回用，推荐根据不同用户进行划片分区分质供水；或者采用集中和分散相结合的处理工艺，即在再生水厂中处理达到某种程度，然后到不同的用户中根据需求进一步处理。

华东地区，如上海、厦门等地，属于南方水质型缺水区域，人均 GDP 相对较高，对再生水利用的安全保障性要求较高，可以根据当地的经济发展和政府引导及回用目的选择老三段或生物法为核心的组合工艺，并大力发展膜技术。

华中地区，如武汉等地，水资源条件和经济水平都处于居中位置，政府应当鼓励为主，推荐采用操作运行相对简单，投资运行成本相对较低的老三段工艺，并且根据不同用户需求对工艺进行局部改进或改善。

华南地区，如深圳、海口等地，属水质型缺水地区，人均 GDP 较高，对再生水利用的安全保障性要求较高，政府应当积极引导市场参与，倡导与强制相结合，推荐发展生物过滤与混凝沉淀过滤及膜过滤的组合工艺模式。

西南地区，如成都、昆明等地，水资源相对丰沛，从维持或改善当地的水环境角度而言，政府应当大力鼓励发展土地处理、人工湿地等处理工艺，使其出水水质达到景观环境用水、农田灌溉需求。

西北地区，如乌鲁木齐、兰州、银川、西安、西宁等地，地处干旱少雨地区，水资源严重缺乏，人均 GDP 较低，政府应当鼓励和进行一定资金扶持，完善城市再生水利用规划，优先发展污水深度处理工艺，推荐在原有污水处理工艺后承接絮凝沉淀技术、直接过滤技术和现代消毒技术等。

三、完善相关技术标准指标体系

目前，我国再生水水质标准之间的界限并不明确，内容存在相互交叉。因此，各地在建立再生水厂、选择水质标准时存在较大的随机性，对规范再生水水质造成了困难。此外，现行再生水相关技术标准中有的指标范围超出用水需求，对处理成本、水质达标情况造成较大影响，还有部分较为重要的指标尚未纳入相关技术标准。因此，有必要加快再生水利用相关技术标准修订工作，为再生水水厂实现对再生水水质控制与自查，以及监督管理部门加强对再生水水质的监管提供依据。

系统研究污水排放-污水处理-再生水利用的水质标准，建立系统、完善的再生水利用相关技术标准体系，确保健康、有序推进城市污水再生利用工作。再生水利用标准体系应涵盖再生水分类标准、入水水质标准、出水水质标准、工艺流程选择标准、技术标准、监测标准等。梳理现行不同再生水水质标准，结合我国实际情况，加快针对不同用途的再生水水质标准修订工作，明确不同用途再生水水质应该监测的水质指标与指标范围，解决目前因标准不统一、指标体系不健全带来的再生水生产、利用和监管等问题。

由于我国区域经济发展不平衡，欠发达地区在财力上难以实现高品质的再生水生产。因此，作为普适性的全国性再生水利用水质标准，应对水质指标做出较为宽泛的控制，使其符合国内大部分地区的生产能力需求。对于经济较发达地区，可根据水质需求制定标准较高的地方标准。此外，在地方标准的制定中，可以根据实际情况做出更为详细的规定，如季节差异、日平均值、最大值、允许超标次数以及超标统计方式等。

四、调整完善技术标准内容

随着各地再生水利用步伐加快，进一步完善再生水利用相关卫生标准尤为重要。对比部分国家和地区的回用水水质标准，不同国家执行的标准差异很大，部分国家城市杂用水总大肠菌群的标准高于我国游泳池水大肠菌群的标准，我国城市杂用水执行的微生物标准较高。城市杂用水总大肠菌群执行的标准限值和计量单位有待调整，相关部门可结合其他国家和地区的执行标准，在保证城市杂用水不造成二次污染，不对人体健康造成危害的前提下，将城市杂用水的种类细分，根据城市杂用水具体回用用途，分项选择制定卫生学指标，确定相关用途的城市杂用水标准。再生水水质标准中卫生学指标对余氯的要求建议给出上限值，并区分是否与人接触的情况，以避免余氯过高给人类带来健康损害。如再生水以高压喷灌、低压滴灌或微灌的方式应用于园林绿化时，其病原微生物（细菌、病毒、寄生虫）可通过气溶胶或蒸发进入人体呼吸道，也可通过人体接触进入消化道，对公众健康造成威胁；其水质可能毒害灌溉植物，污染土壤（特别是盐分将对土壤产生影响），污染地表水和地下水。因此，再生水应用于园林绿化的水质指标制定原则上应不含固体悬浮物，保持较低的浊度，确保不含致病细菌、病毒，气溶胶过程应在细菌学方面保持安全。

在《城市污水再生利用 城市杂用水水质》（GB/T 18920—2002）中增加有关安全性指标。城市杂用水的主要用途包括冲厕、道路清扫、消防、城市绿化、车辆冲洗、建筑施工等，在各种回用用途中，城市杂用水与人体接触的概率最大。因此，除浊度、溶解性总固体、BOD_5、氨氮、阴离子表面活性剂等常规指标之外，应在城市杂用水水质标准中列入部分能够全面反映水质安全的关键性指标，如综合毒性指标、特异性指标、可吸附有机卤化物 AOX 以及挥发性有机化合物 VOC 等。这些选择控制指标近期可作为比选再生水原水和再生水处理工艺的指导性指标，但可不作为强制性指标。

综合考虑腐蚀、氯耗、微生物控制等因素及与《城市污水再生利用 景观环境用水水质》（GB/T 18921—2002）相统一，以使再生水同时回用于景观环境用水和循环冷却水，建议将再生水回用于工业循环冷却水的氨氮浓度控制在 5mg/L 以下。

在大部分城市河道因缺水而水质恶化、面临干涸的现状下，应建立一套切实可行的再生水回用于景观水体的水质标准，既兼顾水体的自净功能、输水成本，又考虑降低水体的富营养化风险。随着人民群众对水环境质量要求的提高，越来越多的水体采用再生水作为补充水源。有部分水体虽然现状水质很差，甚至产生黑臭现象，却限于规划功能不能将再生水作为补充水源。如个别河道、湖泊现状水质为劣V类，但城市总体规划的水环境质量功能为渔业用水或者备用水源，水质保护目标为Ⅲ类水体，所以即使目前水体景观功能很差，也无法利用再生水作为补充水源。针对这种情况，应根据现实情况，近期适当降低某些城市河道、湖泊的水体功能，采用再生水作为补充水源，实现水体的一般景观功能。随着截污、治污工程的不断完善，远期采用其他水源，实现水体水环境质量功能的总体规划目标。

五、完善污水处理厂出水与再生水标准之间的衔接

近年来，随着污水处理及水质监测的技术手段逐渐提升，可监测的水质指标数目增加，也可实现污水处理厂出水水质、再生水厂入水水质、出水水质的实时、联动监测，使得不同标准之间的水质衔接监测成为可能，为解决我国再生水水质标准与污水处理水质标准衔接问题提供了技术基础。应尽快完善污水处理厂出水标准，加强与再生水标准之间的衔接。此外，不同用户对同一水质指标的限值要求各不相同，甚至相互矛盾。若同时满足不同用户的水质要求则需分质供水，而现有条件下的分质供水实现难度较大。因此对于再生水厂不能去除的溶解性总固体、氯化物、硫酸盐等指标，可在相关技术标准修订时增加进水水质要求，从而促使上游从源头上加以控制。一些衔接不畅的标准，如氨氮限值通过规定再生水厂进水

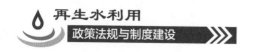

水质，使两个标准在同一指标上的限值相一致，从而避免出现水质超标之后的扯皮现象。同时，应加强污水处理厂出水标准、再生水厂进水标准和再生水厂出水标准之间的动态联系，建立责任追究和索赔机制，避免不达标的进水水质对再生水厂造成危害和损害，污水处理厂出水对再生水厂或者用户造成损失时，进行责任追究和索赔。

第六章

结 论 与 展 望

目前，我国水资源面临的形势十分严峻，尽管北京、天津、昆明等一些城市在再生水利用方面开展了大量工作，并取得了显著成效，但在许多城市，再生水利用还处于起步阶段，再生水利用的政策法规和制度建设还十分滞后。本书在阅览国内外大量文献和开展实地调研的基础上，对我国再生水利用的法律法规、政策措施、管理制度、技术标准进行了研究。

一、主要结论

1. 再生水开发利用进展方面

20 世纪 80 年代至今，我国再生水利用开展了大量工作，并取得了显著成就。但整体来讲，我国再生水利用总体水平仍不高，各地发展也不平衡，不同地区的再生水利用发展模式不尽相同，总体上呈现出集中式与分散式并存的特点，社会对再生水的认知程度还有待进一步提高，我国再生水利用工作尚需广泛深入推进。

2. 再生水利用法律法规方面

我国再生水利用的法律法规框架已初步形成，北京、天津、宁波等一些城市还开展了再生水利用立法工作，制定出台了再生水利用地方性法规或规章，为其他城市树立了典范。但是，总体来讲，我国再生水立法工作还很滞后，缺少国家层面再生水利用的专门性法规，缺乏对再生水利用立法工作的顶层设计。许多城市还没有制定出台再生水利用的地方性法规，再生水利用工作缺乏可靠的法律法规保障。为此，需要进一步健全再生水利用法规体系框架，制定出台国家层面的再生水利用条例，鼓励各地积极开展立法探索，激励公众对再生水利用立法工作予以支持。

3. 再生水利用相关政策措施方面

近20年来，国家和地方在再生水设施建设与运营管理、再生水生产、再生水价格、再生水配置与使用、再生水利用发展等方面，出台了包括财政扶持、投融资、优惠电价、税费减免、统一配置、鼓励使用等一系列政策措施，有力推进了再生水利用工作。但是，现有政策的框架体系还不完善，再生水利用的项目规划、资金投入、技术推广、价格制定、安全监管、优惠激励等政策内容还不完整，甚至存在缺失，难以满足再生水利用的工作要求。为此，需要进一步健全再生水利用的政策体系框架，并对再生水利用的相关政策内容进行完善。

4. 再生水利用管理制度方面

就再生水利用规划制度、再生水纳入水资源统一配置制度、再生水利用的价格制度、再生水利用的安全监管制度等的整体来看，目前我国再生水利用规划尚缺乏国家层面的顶层制度设计，再生水利用价格制度还不完善，再生水利用安全监管制度缺失，再生水纳入水资源统一配置制度执行不到位。为此，需要建立健全国家层面再生水利用的规划制度、配置制度、价格制度、安全监管制度，做好顶层制度设计，并指导各地结合本地实际开展相关制度建设。

5. 再生水利用技术标准方面

本书重点研究了再生水利用技术标准的制定与执行情况、存在问题与措施建议。目前，我国再生水利用的技术标准体系框架已初步形成，出台了相应的国家标准、行业标准和地方标准，但各地执行的标准（尤其是水质标准）不尽相同，现行的技术标准还存在分类不统一、指标缺失、分析方法不一致等问题，还需要进一步加大对再生水利用技术标准的研究，不断健全技术指标体系，完善技术标准内容。特别是对于污水处理厂出水、再生水厂进水和再生水厂出水的水质标准，应加强协调与衔接

二、未来展望

再生水利用工作已在北京等城市取得了很大成绩，但受地域、水资源条件、经济社会发展水平、认识理念等因素的影响，各地再生水利用发展很不平衡。展望未来，我国再生水利用，以及与其相关的政策法规和制度建设将取得以下方面进展。

1. 再生水利用发展区域将逐步扩大

目前我国再生水利用工作还只是在一些大中城市开展，尚未波及小城市，更谈不上农村。随着我国生态文明建设工作推进，以及乡村振兴战略规划的实施，节水减排工作将在全国范围内得到前所未有的重视。根据当前再生水利用发展趋势，从长远来看，我国再生水利用将从部分城市覆盖到绝大多数城市，再从城市逐步推进到乡村。当然，这是一个渐进的过程，也是一个长期发展的过程，推进速度的快慢取决于各地的水资源条件、经济社会发展水平、对再生水利用工作重要性的认识等因素。

2. 再生水利用发展的模式更加多样化

当前，再生水大多采用集中式利用模式，就是将城市生活污水通过污水管网收集起来并输送到污水处理厂（再生水厂）进行集中处理，根据用途，生产出符合水质标准的再生水并加以利用。但在深圳等少数城市，也有个别居民小区物业管理公司将居民家庭洗浴用水收集起来后，通过处理用于居民家庭冲厕。未来，随着经济社会发展、农村饮水安全工作的推进，以及城乡一体化供水模式的普及，再生水利用也会呈现出集中处理、分散处理、城乡一体化处理等共存的再生水利用发展模式。

141

3. 再生水的用途将得到进一步拓展

除少数城市外，目前再生水还主要用于河道补水、景观用水、城市绿化、市政杂用等方面。随着经济社会发展对水资源需求的增长，水资源短缺形势将更加严峻。为了实现以有限水资源支撑经济社会健康可持续发展的目标，进一步拓展再生水利用领域将是大势所趋。可以预见的是，在不远的将来，再生水将广泛应用于工业；而随着城市市政工程改建、扩建工作力度的加大，再生水也必将在机关、学校、医院等公共机构得到广泛应用，并逐步进入居民家庭；另外，随着再生水生产技术和处理工艺的进步，再生水水质将不断提升，在保证粮食安全的前提下，也不排除再生水大量用于农业灌溉的可能性。

4. 再生水利用法规体系会日益健全

随着我国法制社会建设的推进，以及再生水利用工作的广泛开展，如何更好地规范再生水利用活动就显得更加重要，为此国家将更加重视再生水利用法律法规的建设，在以后的法律法规建设活动中，有可能会通过对相关法律法规的修订，增加规范再生水利用行为的相关内容，当然也不排除国家会制定出台再生水利用的专门性法规。而在地方层级，各地也会根据再生水利用工作需要，结合本地实际，制定出台再生水利用的地方性法规、规章或规范性文件。

5. 再生水利用发展的政策措施将更加有力

随着对再生水利用工作重要性认识的逐步深入，从国家到地方，将有更多再生水利用发展的支持政策出台，包括再生水利用设施的用地政策与投入政策、再生水生产的用电政策、再生水销售的税费政策、再生水的强制使用政策等，再生水利用发展的政策体系将更加健全，政策内容将更加完善，政策措施将更加有力，同时现行的一些优惠政策也会逐步落实到位，发挥其应有的作用。

6. 再生水利用管理制度越加完善

制度是行为的规范，再生水企业的建设、生产、经营等行为，以及用水户对再生水的使用行为，都需要相应的制度来约束。随着再生水利用活动的广泛开展，再生水利用对经济社会发展的影响也越来越大，国家和地方也会对其愈加重视。可以预见的是，未来国家层面会进一步做好再生水利用的顶层制度设计，包括规划、价格、安全监管等在内的一些再生水利用制度将逐步得到完善，再生水利用制度体系将更加健全。同时，包括再生水纳入水资源统一配置制度等在内的一些现行制度也会逐步执行到位。

7. 再生水利用技术标准将更加精准实用

在当前经济社会快速发展和科学技术日新月异的新时代，再生水的生产技术和生产工艺将会有长足发展。伴随着人民群众物质生活水平和精神追求的提高，人们对再生水水质及再生水安全使用的要求会越来越高。为了提高再生水生产技术水平，满足人们对再生水安全使用的需要，有关部门将会对目前正在执行的再生水利用技术规范和标准进行修订，补充新增一些再生水利用技术指标，使再生水利用的技术标准体系更加健全，技术指标更加丰富实用。

参 考 文 献

［1］ 水利部发展研究中心．城市污水处理回用立法条文编制：立法前期研究［R］，2012．

［2］ 水利部发展研究中心．城市污水处理回用管理制度建设：需求分析与管理制度框架研究报告［R］，2012．

［3］ 李宝娟，吕鑑，刘红．再生水的安全管理体系［J］．城市管理与科技，2007（1）．

［4］ 李宝娟，吕鑑，吴珊．完善中水利用管理政策的探讨［J］．北京水务，2007（3）．

［5］ 李五琴，张军．北京市再生水利用现状及发展思路探讨［J］．北京水务，2011（3）：26－28．

［6］ 彭志功，杨培玲，刘洪禄．北京缺水危机与再生水合理利用［C］．北京水与奥运学术研讨会，2003．

［7］ 王家骏，周道全．浅析我国再生水的开发与利用［J］．甘肃水利水电技术，2005（4）：279－385．

［8］ 吕立宏．再生水利用经济效益和社会效益分析［J］．环境科学，2011（11）．

［9］ 孙博，汪妮，解建仓，等．再生水利用交易收益的博弈分析［J］．沈阳农业大学学报，2010（4）：195－198．

［10］ 廖日红，陈铁，张彤．新加坡水资源可持续开发利用对策分析与思考［J］．水利发展研究，2011（2）：88－91．

［11］ 张昱，刘超，杨敏．日本城市污水再生利用方面的经验分析［J］．环境工程学报，2011，5（6）：1221－1226．

［12］ 朱建民．以色列的水务管理及其对北京的启示［J］．北京水务，2008（2）：1－5．

［13］ 水利部发展研究中心．我国再生水利用现状、问题及对策措施研究
　　　［R］，2013.

［14］ 水利部发展研究中心．非常规水源利用实践探索与激励机制研究
　　　［R］，2019.

［15］ 水利部发展研究中心．非常规水源利用管理制度体系框架设计
　　　［R］，2018.

［16］ 水利部发展研究中心．城市污水处理回用管理制度建设：再生水价格
　　　制度研究［R］，2012.

［17］ 水利部发展研究中心．非常规水源利用：再生水利用安全监管制度研
　　　究［R］，2017.

［18］ 水利部发展研究中心．再生水利用"以奖代补"政策研究报告
　　　［R］，2014.

［19］ 水利部发展研究中心．《再生水利用条例》立法推进［R］，2014.

［20］ 田一梅，赵新华，张雅君．城市自来水与中水系统综合规划的优化研
　　　究［J］．给水排水，2001，27（5）.

［21］ 陈莹，赵辉，聂汉江，等．再生水定价的形成机制分析［J］．水利经
　　　济，2015，33（4）.

［22］ 张璐琴．再生水与自来水供水价格的合理比价关系分析［J］．中国物
　　　价，2014（11）.

［23］ 段涛．城市再生水的自主定价问题及定价方法研究［J］．自然资源学
　　　报，2014（4）.

［24］ 段涛．城市再生水定价理论与实践探索的述评［J］．价格理论与实践，
　　　2017（7）：85 – 88.

［25］ 师荣光，周启星，刘凤枝，等．城市再生水农田灌溉水质标准及灌溉
　　　规范研究［J］．农业环境科学学报，2008，27（3）：839 – 843.

［26］ 田园馨，曲炜．对我国再生水设施生产率的探讨与思考［J］．干旱区
　　　研究，2015，32（3）：448 – 452.

［27］ 赵乐军，刘琳，唐福生，等．关于现行再生水水质标准和规范执行情
　　　况的讨论［J］．给水排水，2007，33（12）：120 – 125.

［28］ 张克强，张洪生，宁安荣，等．国内外城市再生水灌溉绿地的研究与

应用 [J]. 农业环境科学学报，2005，24（增刊）：384 - 388.

[29] 李亚娟，曲炜，范云慧. 浅析我国再生水水质标准关键指标适应性
[J]. 中国水利，2014（19）：29 - 31.

[30] 丁年，胡爱兵，任心欣，等. 深圳市再生水利用规划若干问题的探讨
[J]. 中国给水排水，2014，30（12）：30 - 33.

[31] 李殿海，李育宏，姜威，等. 天津市污水再生利用经验与现状分析
[J]. 环境工程学报，2011，5（6）：1227 - 1231.

[32] 刘祥举，李育宏，于建国. 我国再生水水质标准的现状分析及建议
[J]. 中国给水排水，2011，27（24）：23 - 25.